# 水之蓝:天蓝山清鸟翔歌赋

## ——水环境与水资源保护专论之四

汪 丹 汪 达 著

U0364394

黄河水利出版社

·郑 州·

# 内 容 提 要

本书主要内容分为五篇:第一篇生态环境与可持续发展;第二篇水污染治理与河道整治;第三篇保护环境的管理规章与倡议;第四篇自然保护工程建设监理实践图说;第五篇污染防治的宏观对策与微观治理。本书提出了很多水环境与水资源保护方面的新观念、新思想、新规章、新方法和新策略,其实质也就是水环境与水资源保护之道的五个方面:方向、方针、方略、方法及方案。

本书从科学发展观的角度论述水环境与水资源保护事业的发展规律,阐述相关改革创新思想,以及生态环境保护建设管理体制的创新观念、创新机制和创新技法。本书提出的生态平衡原理、人与自然和谐相处理念和环境保护技术与经验等,可供热心关注自然、保护环境的读者应用及研究参考。

## 图书在版编目(CIP)数据

水之蓝:天蓝山清鸟翔歌赋:水环境与水资源保护专论.
之四/汪丹,汪达著. —郑州:黄河水利出版社,2019.3
ISBN 978 - 7 - 5509 - 1578 - 7

Ⅰ.①水… Ⅱ.①汪… ②汪… Ⅲ.①水环境 - 生态环
境保护 - 研究②水资源保护 - 研究 Ⅳ.①X143②TV213.4

中国版本图书馆 CIP 数据核字(2019)第 046036 号

出 版 社:黄河水利出版社
　　　　地址:河南省郑州市顺河路黄委会综合楼 14 层　　　邮政编码:450003
发行单位:黄河水利出版社
　　　　发行部电话:0371 - 66026940、66020550、66028024、66022620(传真)
　　　　E-mail:hhslcbs@126.com
承印单位:河南新华印刷集团有限公司
开本:787 mm×1 092 mm　1/16
印张:12
字数:292 千字　　　　　　　　　　　　印数:1—3 000
版次:2019 年 3 月第 1 版　　　　　　　　印次:2019 年 3 月第 1 次印刷

定价:38.00 元

# 作者简介

　　汪丹,女,硕士,从学生时代即积极投身于保护长江、黄河等母亲河的志愿活动,中学期间有六篇科学论文在国家级科技刊物上发表。大学期间组织生态环境探索研究小组,积极参与中国长江三峡水利枢纽工程、南水北调中线水源工程等生态环境保护科学研究工作,并在《科技导报》《中国水利》等期刊发表相关学术论文八篇。参与采编的数十部科教新闻视频被《湖北省新闻联播》播发。参与《柏寿太极养生道》《就这样拍出唯美人像》《水资源与水环境保护求实务新说》等多部图书的编写和出版工作。还参与第41届世界博览会志愿者工作,并在国际交流组织兼职对外汉语教师,宣教人与自然和谐共处之道。研究生期间在国家权威学术期刊发表专业论文六篇。在中国电力出版社出版了30万字的《水环境与水资源保护探索与实践》著作。

　　在工作期间,向受教的大、中学生弘扬"绿水青水就是金山银山"的理念,践行生态文明建设,带领学生参加环境保护活动。注重大、中、小学生的思想教育和心理辅导,发表专业学术论文三篇,还获得校级优秀班主任、心理健康优秀指导老师,希望英语竞赛优秀辅导教师等荣誉。并参与编著了《湛江碧湖水生命论——水环境与水资源保护专论之三》《水之蓝:天蓝山清鸟翔歌赋——水环境与水资源保护专论之四》等大型图书。

　　汪达,男,中国水利部注册全国水利工程建设总监理工程师,水利部长江水利委员会专家、高级工程师。长期从事长江流域水环境与水资源保护管理和国内外生态环境保护科学研究工作。还主持过长江三峡水利枢纽工程、南水北调中线水源工程、嘉陵江亭子口水利枢纽工程等环境保护与水土保持总监理工程师工作。在水利部策划和设计"发展中的水环境监测"等全国大型巡回展览。出版学术专著十部。还长期担任"全国水系污染与保护科技信息网"理事会副秘书长,并兼任《水系污染与保护》《长江水资源保护》等科技期刊的责任编辑。担任《长江志·水资源保护》《水环境保护与管理文集》等大型图书的副主编。

# 序

　　水是一切生物维持生命不可或缺的生命之源。水资源既是一切生物生存和繁衍不可缺少的重要物质，又是人类工农业生产、经济发展和环境改善不可替代的自然资源，也可说是最为宝贵的财产。确实是水环境和水资源在忠实地维系着人类的生存繁衍、生活幸福和文明昌盛。

　　中国自古以来就十分重视水利，兴水利、除水害，水利兴邦。历朝历代都有水旱灾害，也有治水防灾的水利建设丰碑。1949年新中国成立后，更是大兴水利，整治江河，综合利用水资源，与水旱灾害周旋，成绩斐然。水利建设事业蓬勃发展，为中国社会经济发展做出了巨大贡献。

　　自然环境保护、水资源保护和可持续发展已成为世界性重大课题。第二次世界大战之后的20世纪50~70年代，由于战后原子能残蜕放射性，工业废气、废水、废渣等的排放及农业毁林、围湖、施肥、治虫等的环境污染和生态破坏，全球自然环境急剧恶化，严重危害人体健康和生物生命安全，人类自食恶果后，才开始对自己因战争、贪婪、肆意和无知所造成的环境污染和生态破坏顿生警觉，认真关注。而环境保护和环境保护规划管理也由此派生。

　　工农业发达国家对环境保护措施先行，相继设立了环境保护机构。20世纪70年代联合国成立了环境规划署，并于1972年6月在瑞典斯德哥尔摩召开了有史以来的首次世界人类环境保护会议，得到各国重视，反应强烈。

　　中国环境保护事业从1972年起步。1973年举行了第一次全国环境保护会议。随后由当时的国务院环境保护领导小组和水利电力部批准，1976年开始成立长江、黄河、珠江等全国各大江大河水系水源保护局。

　　近现代，中国人口膨胀，而水资源却很有限，人均占有量仅为世界人均占有量的1/4。加之工农业生产用水浪费，水污染严重，水土资源无序、过度开发等，造成自然生态环境的日趋恶化。水危机已成为中国可持续发展的重要制约因素。因此，当前的重大课题便是针对上述问题，合理开发、利用和保护水资源，满足和调节日益增长的需水要求，创造最大的经济、社会和生态环境效益。

　　在21世纪之初，汪丹女士和汪达先生联袂捧出她俩的水环境与水资源保护力作，具有重要意义。其为生态环境保护献计划策，提出资源水利思想以及治水之道、生态建设和生态平衡理论，富有创新意识，用心良苦。其慨然将数十年来在工作中的实践经验、研究成果及心得体会等无私地奉献给广大读者，精神可嘉，令人钦佩。

　　作者汪丹女士，相继为陕西科技大学、谢菲尔德大学、莱顿大学、广西师范学院等硕士研究生，创业协会副会长兼秘书长，爱好文学、艺术及运动，全面发展，学习基础扎实。在汪达先生的指导和影响下，她利用课余时间，对自然环境及环境保护由认知到关心，由兴趣到热爱，进而参阅国外有关资料，钻研环境保护专题，收获颇丰，参与写作成绩卓越，抒发己见，全面中肯，颖异创新，独具匠心，还为系列专著增光润色，做出了可喜贡献。生态环境保护事业，代代传递，后生可畏，寄厚望于当今的21世纪。

作者汪达先生勤奋好学,刻苦钻研,孜孜不倦,锲而不舍,广种丰收,专业多能。俗话说:能者多劳,劳则增强,强多浃扬。而他则表现为谦虚谨慎、待人诚信、和善亲近,对工作认真敬业、热忱负责。他从青年时期正式参加工作开始,就一直服务于长江水利委员会组建成立的长江水源保护局(现长江流域水资源保护局)及长江水资源保护科学研究所。数十年来,他曾担任过工程师、高级工程师、科长、代处长、副总监理工程师、总监理工程师等职务,长期从事水环境与水资源保护管理和研究工作,涉及上述水环境与水资源保护管理的多项业务,取得了可嘉的功绩,为水环境与水资源保护事业做出了较大的贡献。他一直受到机关内外领导和同事们的赞许、表扬及嘉奖,曾十多次被评为先进工作者、工程建设标兵等,又曾长期担任“全国水系污染与保护科技信息网”(1977年5月成立)理事会副秘书长,数十次组织筹办网会、年会、情报与学术交流会等,并同时兼职网刊等三种刊物的责任编辑,为环境保护事业驰南骋北,东西联合,不辞辛劳,运筹全国,信息频传,殚精竭虑,不遗余力,埋头苦干,成绩斐然。他平时利用业余时间,笔耕不辍,常有科技论文和专著问世,可以说是一位高产的科技作家。作为一位非环境保护学科科班出身的他,能取得这样的成绩,绝非易事,也确非一般人奋斗一生所能达到,相比之下,令人自惭。

应友人建议,汪丹女士、汪达先生凭借对水环境与水资源保护重要内涵的深刻认识,以及多年来积累的丰富工作经验、科学研究成果,利用业余时间专心著述,历时数载,完成了水环境与水资源保护专论四部曲——《水资源与水环境保护求实务新说》《水环境与水资源保护探索与实践》《湛江碧湖水生命论》《水之蓝:天蓝山清鸟翔歌赋》的编写与出版工作。

本书的特色就在于理论紧密联系实际,寓理论于实事案例,求表达于深入浅出,实事求是,不尚空谈,说理透彻,通俗易懂。其将中国环境保护重大事例的发生、发展和处理对策等融入其中,所以可以说是别样形式的或另类表达方式的、有创新意义的生态环境保护“史鉴”;同时也是水环境与水资源保护的实用工作手册,又是环境保护科学研究难得的参考文献;再者,生态环境保护与全世界、全人类的生存、生活和发展的重要关系已深入人心,成为人们普遍关注的重大问题,因此本书又是环境保护核心知识读本。可谓一书多用,专业和普及兼顾,适应性强,传播面广,而当前书市上见不到类似的书籍。感谢本书作者用开放的目光和辛勤的劳动为填补这一空缺所做出的有意义的新贡献。

本书内容丰富,涉及面广,对有关生态环境保护问题的重要领域和课题都有系列论述,比如:森林、雨林、湿地、湖泊、江河、泥沙等的变化对气候及生态的影响;工业三废的排放及农业化学毒剂、化肥等的点源和面源污染对江河湖海水环境的危害;水华、赤潮、酸雨等各种污染危害的分析研究、治理方略方法。还介绍了世界各国生态环境保护的方针政策、有关法规,国际先进经验、技术,以及水环境与水资源保护管理的新动向和前景展望等。特别是结合中国国情的经验阐述,其主要内容升华结晶为“五方”——方向、方针、方略、方法及方案,这就是本书特色的具体内容。因此说,本书是一部理论联系实际、有效保护结合成熟经验、高效管理依靠先进技术的实用性很强的书,又是难得的可供科学研究参考的文献。

最后,虽感言犹未尽,还是借鉴老子的名言,套用《道德经》开场白的格式,且作结束语:序可序,乐为序;难写序,当作序。

汪占冕

2014年10月4日

# 前　言

　　水是人类生存和社会经济发展的基本的物质基础之一,随着人们生活水平的提高和社会经济的发展,水环境逐渐恶化、水资源日益匮乏,甚至阻碍和威胁到人类的生活和生存。因此,水环境与水资源保护是人类面临的一个永恒的主题,同时成为了改善现实生活亟待解决的要案,需要我们每一个人从当下大大小小的行动中关心水、爱护水、珍惜水,从而用好水,使有限的水资源发挥最大的社会效益、经济效益和环境效益,保证水资源的永续利用!

　　我们有幸生长在祖国母亲河长江边,从小到大都吮吸着长江母亲无私的、甘甜的乳汁。但一些孩子太自私,只顾自己享乐和方便,不顾母亲安危。同时由于中国另一条母亲河黄河被她的子孙们无尽地索取而日渐衰老和干瘪,长江又担任起了哺乳更多孩子的母亲。为了让哺育我们的母亲能健康长寿,培育更多、更好的后代,让我们的祖国万寿无疆,请大家尽到自己的孝心,共同保护母亲、照顾母亲!

　　干旱、缺水、洪涝灾难是我们都曾或重或轻遇到过的烦恼和困惑。但学习了"人法地",心地便开阔许多;认识了"地法天",心境就开朗许多;理解了"天法道",心理可开导许多;研究了"道法自然",心情能开放许多;著作了本书,心神又开明许多;推广了和谐道,心怀更开拓许多。

　　本书既是三代人合作对古今中外治水观的历史扫描,又是对水环境与水资源保护之道的求真务实。本书的编写、出版开创了在水环境与水资源保护研究中将人文科学运用到自然科学中的新道路,特别是将笔者喜爱钻研的道家理念植入其探索方法和研究工作之中。这些都离不开数代道家思想传人的生活实践、生产经验、精神修养,特别是对古今治水观的研究和探索,其中包括笔者兢兢业业立志于"治水、报国"的爱国襟怀,以及对"天人合一""人水和谐"的身体力行。本书也是笔者前进中的成功和失意的经验,汗和泪的结晶,总之可以用实践与创新相互激发促进来印证。真可谓数十年共磨一剑。

　　笔者在撰写本书期间,中国正面临着南方多省罕见冰雪灾害、四川省汶川县特大地震、西北华北特大干旱、南方江河流域大洪水、甘肃省舟曲县特大泥石流、甘肃省岷县特大冰雹山洪泥石流、四川省凉山州宁南县白鹤滩镇特大泥石流等众多自然灾害;同时,全球性经济危机和甲型 H1N1 流感大暴发,世界两极冰川急剧融化、海平面升高吞噬大面积陆地,在非洲干裂土地上,瘦骨嶙峋的婴儿躺在母亲怀里张着饥渴的嘴,而干渴的人们等来的却是更加炎热、干旱的天气,甚至最终许多家庭母子、父女都因缺水而死等。这些令人紧张、悲痛、感悟的动荡气氛,促使我们有责任加紧本书的著述和出版工作,并适时向世人推出。以书会友,共同呼唤人间真情,体会世间真道,并激发大家正确的世界观、价值观、人生观。

　　著述和阅读《水之蓝:天蓝山清鸟翔歌赋》一书的过程是深入学习和净化心灵的过程,也是巩固知识和提高心境的过程,还是内省修身和静心养性的过程。

　　让我们更加了解自然,掌握规律,顺应自然,和谐发展,并自觉从水环境与水资源保护之道的体验中获得灵感和力量,充分体会古代"道可道,非常道"之玄,当代"人与自然和谐发展"之妙。

特别要向一直指导水环境与水资源保护专论系列著作编写的尊敬导师汪占冕先生、邹淑芬女士致敬!

**汪 丹**

2011 年 10 月 4 日初稿于陕西省西安市逸夫楼

2015 年 8 月 7 日修订于广西壮族自治区南宁市文星楼

# 目　录

　　　　　　　水之蓝：天蓝山清鸟翔歌赋

# 第一篇　生态环境与可持续发展

## 【概述】

2012年11月8日,胡锦涛同志在中国共产党十八大报告中提出,要大力推进生态文明建设。建设生态文明,是关系人民福祉、关乎民族未来的长远大计。面对资源约束趋紧、环境污染严重、生态系统退化的严峻形势,必须树立尊重自然、顺应自然、保护自然的生态文明理念,把生态文明建设放在突出地位,融入经济建设、政治建设、文化建设、社会建设各方面和全过程,努力建设美丽中国,实现中华民族永续发展。要实施重大生态修复工程,增强生态产品生产能力,推进荒漠化、石漠化、水土流失综合治理。加快水利建设,加强防灾减灾体系建设。坚持预防为主、综合治理,以解决损害群众健康突出环境问题为重点,强化水、大气、土壤等污染防治。我们一定要更加自觉地珍爱自然,更加积极地保护生态,努力走向社会主义生态文明新时代。

2013年9月7日,国家主席习近平在哈萨克斯坦发表演讲时说:"我们既要绿水青山,也要金山银山。宁要绿水青山,不要金山银山,而且绿水青山就是金山银山。"

自然环境保护、水资源保护和可持续发展已成为世界性重大课题。因此,大自然中的森林、雨林、湿地、两极、冰川、湖泊、江河、泥沙、沙漠等的发展、变化、存亡对全球气候及生态的影响,还有工业"三废"(废气、废水、废渣)的排放及农业化学毒剂、化肥等的点源和面源污染对江河湖海等水环境的危害,对生命的威胁等都是当今广大有识之士非常关注的焦点和热点。

本篇首先以水与可持续发展的关系引进国际水资源保护和管理的核心理念和先进思想,探讨河流水环境与水资源保护流域化管理政策,提出长江流域生态环境问题与可持续发展战略,倡导城市生活垃圾的处理及回用、替代农业等战略措施。

# 第一章 水与可持续发展——国际水资源保护和管理的核心

## 1 可持续发展

1987年,世界环境与发展委员会在《我们共同的未来》报告中第一次正式提出"可持续发展"的概念,并经联合国同意,1992年联合国环境与发展大会赋予其新的含义。

(1)发展的时间界定:"既满足当代人的需要,又不对后代人满足其需求能力构成危害的发展"。

(2)发展的空间含义:"特定区域的需要不危害和削弱其他区域满足其需求的能力"。

(3)人与自然的融洽关系:"要求人与自然和谐共存"。

可见,可持续发展的概念是综合的和动态的,它是经济问题、社会问题、资源问题、环境问题四者互相影响、互相协调的综合体,并且随着社会和科学技术的进步,人们不断地对这个综合体的组成部分进行变革、提高,圆满地按上述三个指导思想进行发展活动。如提出了可持续经济、可持续农业、可持续林业、水资源的可持续利用与保护等一般性概念。

1992年联合国环境与发展大会召开以后,各国及其相关部门编制的《21世纪议程》则是贯彻可持续发展战略的具体行动计划。

## 2 水决定可持续发展

水是可持续发展中的首要问题。联合国可持续发展高级顾问委员会选出了可持续发展三个非常重要的战略部门,即能源、运输与水。现以土耳其东南部 Euphrates 和 Tigris 河流域 Anatolia 地区开发典范"安那拉利亚地区开发工程"(简称 GAP 工程)作为实例。

土耳其早在20世纪30年代就开始规划上述两条河的梯级开发,制订了 GAP 规划,以开垦和开发土耳其东南部广大贫瘠的高原区。其开发的指导思想经历了三个历史阶段:

①1970年定为水、土资源开发工程;

②1980年改为多部门的社会与经济的地区开发方案;

③1990年后改为可持续的人的发展工程。

### 2.1 GAP 是以水为基础的地区开发的新模式

GAP 作为一个整体地区,开发工程基于"可持续能力"的概念。投资包括城乡基础设施、农业、运输、工业、教育、健康、住房、旅游以及 Euphrates 和 Tigris 两条河上的大坝、电站和灌溉设施。这个巨大的开发项目对土耳其的经济、社会和文化发展、人民生活等给予特别重视和优先考虑,特别是对地区人民生活更为重视。

GAP 的基本目标是:改变国内区域间的不同经济情况——提高区域的收入水平和生活标准;提高农业地区的生产能力和就业机会;增强大城市的人吸收能力。

水资源开发方案包括 13 项灌溉和发电工程,其中 7 项在 Euphrates 下游的各分流域,6 项在 Tigris 河的各分流域,具有 22 个大坝、19 个电厂以及灌溉 170 万 hm² 土地的灌溉网。装机容量约 75 GW,年发电量 270 亿 kW·h。整体工程的目标和主要特点在 GAP 规划中均已提出,它决定了该区域的发展潜力,识别开发过程中的“瓶颈”,拟定开发目标和战略。

## 2.2　GAP 的基本战略是可持续发展

为了确定 GAP 可持续能力的范围与组成,采用了团体参与的方法。联合国 UNDP 与 GAPRDP 于 1995 年 3 月联合召集了大规模的开发程序的会议。根据会议的结果和 GAP 规划目标,依据可持续能力的目标,采取了以下的开发程序:①对可加速经济发展的最佳可完成水平增加投资;②提高健康和教育服务质量;③提供新的就业机会;④改善城市人民的生活质量和完善城市与社会的基础设施,以便建立比较健康的城市环境;⑤完成农村基础设施建设,以获得最佳的灌溉发展;⑥增建跨地区和地区内的道路;⑦完善现有的和新建的工业基础设施;⑧把保护水、土和大气以及联系在一起的生态系统作为优先考虑对象;⑨加强集体参与决策和实践。

总之,GAP 可持续发展能力的主要组成是:社会的可持续发展能力,自然的和空间的可持续发展能力,环境的可持续发展能力,经济的可持续发展能力和可持续发展农业与灌溉。而水就是可持续发展的推动力。

## 2.3　GAP 工程实施的具体工作

具体工作包括:①调节灌溉渠道的水量,并分配水——用节水灌溉方法;②管理、运行和养护 GAP 灌溉系统;③实验研究现代灌溉技术;④循环再利用城市废水;⑤再利用灌溉的回归水;⑥确定 GAP 的开发方案和基础设施工程;⑦进行地区的环境保护研究;⑧进行 Tigris 流域的环境保护研究;⑨进行农业与开发方案关系研究;⑩开展农民培训与技能拓展;⑪进行农业商品市场调查和种植方式规划;⑫规划非灌溉地区人员的就业与增加收入工程;⑬巩固农业土地以提高效率;⑭参加城市划分、分区与规划;⑮参加建库后移民和可持续再发展;⑯拟订 Atatuik 水库次分区开发方案;⑰建立妇女的多目标村社中心;⑱建立地区企业家支持和指导中心;⑲在实验区建立生态城市和生态乡村的规划开发;⑳进行 GAP 地理信息系统可行性研究和实验工程实施。以上属于环境方面的内容有第④、⑤、⑦、⑧、⑲等 5 项。

# 3　国际水资源保护和管理的方向

## 3.1　河流治理与环境水利的新思路

在 1996 年第一届河流新技术和新思路国际会议上,组织者提出了河流治理新思路及环境水利方面的新要求。

### 3.1.1　河流治理新思路

(1)要把河流作为社会的生命线和一个动态系统进行开发治理。其目的是使效益最大、损失最小。

(2)人与水在竞争土地。人类对河流及水土资源干预的影响很可能是不可逆转的,因此要考虑时空关系,在时间尺度上要从长期着想,在空间上要从三维的大尺度着想。

(3)人类必须与自然和谐共处、共同生存,人类活动应与河流相协调。

(4)在开发水资源时,我们应当识别和了解可供选择方案的全部范围。当建议河流开发时,必须考虑评估标准的演进变化、社会准则和参与者。

(5)在进行河流开发时要使环境成为可持续状态。

(6)21世纪的流域管理要把发展与环境可持续性融为一体。水管理与政治的、经济的、技术的管理一样,具有社会性。

(7)大坝建设和运行能使可持续的环境、生态、社会与经济发展和谐共存。统一利用大坝和河流控制系统,以使洪灾损失最小化。

### 3.1.2 环境水利方面的新要求

(1)洪水对鱼类和森林的影响:①有些鱼类在洪水期及其以后得到了新增能量;②GIS(地理信息系统)监测资料表明,洪泛区森林品种组成处于稳定状态,人工岛屿对自然环境和生物界有显著的影响。

(2)对漫堤、防洪工程、洪水损失、水质的风险评价:①污染对生物的损毁或损害;②估计流量、水位、灾害的不确定性;③浓度超水质标准的概率。以风险为基础,估计洪水损害、损毁,可为决策提供更多的信息。

(3)强调研究跨流域调水、国际河流管理、河流纠纷管理。

(4)按风险大小确定优先治理河流(河段)等级。

(5)洪水控制与洪泛区管理:①把洪泛区分为蓄纳洪水区、游乐区和农业区三部分;②发布大流域水资源评价的水文模型;③进行适时的水位、流量监测并提出各种有关模型。

(6)提供适合河中鱼类生境的"生态环境流量"的量化办法和数值。

## 3.2 防洪战略的演进与新战略的形成

### 3.2.1 防洪战略的审视

在1993年和1995年,分别来自莱茵河和马斯河的巨大流量对荷兰人处理洪水淹没风险的方法有重大的影响。1995年的洪水使25万人从莱茵河的低洼地撤离。

荷兰政府对加固堤防的传统办法进行了回顾与修订。所有河流的堤防必须在1 250年一遇的洪水频率水平下保证安全,对已有600 km的堤防工程进行改造,2000年完成这一目标。堤防加固工程对风景和生态给予了特殊考虑。为避免对建筑物的破坏,尽可能地利用特殊的堤防加固办法,如板桩或可以拆移的防洪墙等。

堤防所能保障的安全度仍是有一定限度的。经验表明,土地利用方式正在快速改变,以提高安全水平。但对住房、工业和运输等基础设施投资的增加也会导致整体风险(发生概率乘以潜在的洪水损失)的增加,因此降低洪水淹没概率已被更大的潜在洪灾损失所抵消。不管怎样努力去减少对自然景观的影响,即使其影响降到最低,社会上对进一步加高加固堤防的办法也难以接受。

### 3.2.2 可持续水管理战略

在1997年荷兰的第4项国家水管理政策中,政府强调需要建立一个可持续管理战略,其重要部分是"给河流以空间"。

河流要在流量、泥沙输送、宽深比等方面获得动态平衡,必须按照更可靠和可持续的办法进行利用和开发。据此河流与洪泛平原之间的安排有很多办法可以采用。现在可能的对策包括用挖泥机清理河道,与自然开发相结合降低洪泛区,甚至后退堤防等,藉以增加洪泛平原面积,以及在莱茵河的一条支流上考虑拆除拦河堰。

### 3.2.3 给河流以空间

"给河流以空间"可能会放弃几百年前建堤形成的大片洪泛平原。在气候变化的情况下,现在洪泛区的面积太窄小了。这就使大流量出现的频率增加,产生的流量实质上将超过现在所能防御的极限。若再结合考虑海平面上升 0.8 m 或更多,这对三角洲地区而言就需要采取更为严格的措施。有关单位正在根据政府提出的政策进行分析研究,研究短中期 (10~20 年)洪水风险最小化的有效性。这些措施中包括降低莱茵河支流洪泛区高程,这将可能挖掘出数亿立方米的洪泛区沉积物;除掉行洪障碍,如桥梁、渡口、码头等;挖支侧分水道;用埃及式放牧控制植被,控制森林发展等。可以认为这些措施大部分不会有负面影响,但可能仅暂时有效,除非采取非常有力的维护措施以减缓泥沙淤积。从长远考虑,有关水利部门正在研究其他的可能性,例如,重新进行堤防系统的布局;改变莱茵河各支流的流量分配;在大城市布局不合理的"瓶颈"部分,用溢流堰建立迂回的旁侧通道等。所有这些都是为了得到江河自然状态的新环境。这些可能性都是河流管理和治理工程概念彻底改变后的逻辑性结论。

只有采用"恢复"代替"抵抗"的战略才能进行可持续发展的规划设计。因为土地利用及其规划、自然界及其动态变化都与河道系统有关联。归结到一点,即河流管理和自然规划必须作为互相密切关联的整体去考虑。

## 3.3 水资源的宏观管理

### 3.3.1 总体规划

法国在水资源宏观管理方面所关注的不只是河道,而是一个扩大的生态环境,是一个水文流域的径流和全区域经济开发的各个方面(城市、农业、工业、能源、旅游等),或者是一个特定的和普遍的结合在一起的规划区域,如土地与一些特别农业活动,或是一个有显著的城市、农村相互依赖性的结合体,常以保护和恢复环境为第一任务。例如,一个 120 万人的区域在 2000~2006 年期间详细计划、优先考虑的内容如下:①古迹与环境;②绿色旅游与蓝色河流;③有机绿色产业;④开发与环境。

### 3.3.2 水的定量管理中洪水的控制和枯水的提供

例如,某一河流 2000 年解决的主要问题是:①对地下水的威胁;②河流在河床降落时的动力学紊乱;③水质降低,特别是富营养化;④所有河道的河岸冲刷,大量泥沙冲刷物沉积于河床;⑤降低特有蝴蝶质量;⑥破坏独特的自然环境。

### 3.3.3 应用四原则,设计 21 世纪的水政策

四原则即:①所有的人都能接近水:一个不可剥夺的权利;②水是经济和社会资产;③富者与贫者在财政上合作;④决策者、专家与公民共同管理。

## 3.4 水资源开发规划成功的基本原则

### 3.4.1 选择最小的环境损失可行方案

此原则需对所有比较方案做综合的环境评估,以决定哪个实际方案有较小的环境影响。这个评估必须包括非工程措施的各种方案,例如水的保持(护)和土地休耕,以及不采取行

动的方案。

### 3.4.2　采用整体的资源规划程序

本原则认识到满足将来的水需求是一个满足整体形式中的各种不同的水管理规划。整体资源规划保证所有资源被评估并被考虑在水管理方案中,同时对所有有兴趣的团体的关注都详细考虑,并无偏见。

### 3.4.3　采用最小成本的规划程序

本原则在选择程序中给予所有可行方案同等机会。在这个程序中,水经营的目标变成一个满足与水有关的顾客的需要。例如,为一个发展区服务,需要增加供水和污水处理厂,它可以用一个自然的低冲刷用水的厕所方案来满足,而不用增加供水和处理设备,因而这一方案就应考虑其功能,在开发水管理方案时与其他方案进行比较。用最低成本规划程序实施新的水管理方案,其成本必须与效益进行对比。

### 3.4.4　保护生态和生态系统的健康

保护生态和生态系统的健康是任何水开发方案必须考虑的程序,是保护国家的自然遗产所必需的。

## 3.5　人与自然的协调和自然与技术的平衡

### 3.5.1　维也纳河开发、治理的战略转变

人类沿水体而居,就面临着伴随而来的风险。在维也纳市的历史上来自维也纳河的危险频繁而巨大,直至19世纪还经常溃堤淹没农村及城市居民。20世纪初它才被修建的Au-hof防洪水库和城市内部的人造深水河床所驯服。这些建筑物当时虽按抵御千年一遇洪水设计,但是后来计算表明,上述设施对特大洪水仍不能防御。这是由维也纳市环境变化以及维也纳河设施年久失修引起产流条件变化所致,因此它们的恢复和更新是首要问题。

另一问题是维也纳河因修建建筑物引起的变化。100年前的设计思想是抗拒和驯服自然,用技术结构物去反对它。我们从中吸取了教训,在灾害防治方面,大自然应该是人类的合作者,而不是敌人。所以,在修复、更新防洪水库和维也纳河建筑物时将给人类提供一个特大机会。

### 3.5.2　防洪新构想

坝、堰和自然因素都影响着现代水利工程。人与自然协调和自然与技术的平衡是维也纳河开发的新思路。

用这个新思路去解决问题是因为人们已经认识到维也纳河现有的各种设施并不能保证整体防洪。为了求得一个现代化的解决方案,规划的焦点不仅局限于水利工程的技术方面,而且也应尽力开发维也纳河的生态潜力,如从生态上复活城市河流景观。为了这一目的,市政、文物保护、陆地风景生态、湖沼学、水利工程和下水道建设等方面的专家都被邀请来,共同提出一个多学科的解决方案。

#### 3.5.2.1　第一阶段——削减洪峰

这一阶段实施新的容纳洪水方案。它保证最大限度地利用所有可能的蓄水容积,同时在蓄水库区建立有效的湿地。这项工作计划于1995年实施。

#### 3.5.2.2　第二阶段——建立一个绿色的生气勃勃的河道

这一阶段研究了跨市区整个河道的断面,并修复存在缺点的地方,还在河床上增建了维

也纳山谷区的截流管,在市区建立了一个多功能的河道。建设的目标如下:①改进拦洪滞洪条件;②提高维也纳河泄洪条件;③对改建的河床增加维也纳山谷截流管的溢洪道;④建立绿色河道,使维也纳河具有充满生气的大量的水面;⑤建立当地特有的动物和植物的生境;⑥提高维也纳河的自净功能;⑦尽可能建立沿河人行道和自行车道。

### 3.5.2.3　防洪设施

(1)防洪与自然区是互补的,并不矛盾。最大洪水必须大量削减,以保证维也纳河的极限洪水流经城市而不成灾,为此在城市内部河道的上游必须有足够的蓄滞洪能力。对于每一个水库的最大容量,当需要时,必须能正确利用。但是它们的流域都过早地被 Lainz 保护区溪流的水充满。由于缺乏管理机制,洪峰不能按原预算削减。所以,计划扩大和重新设计现有的 Auhof 和 Maucrbach 防洪机制,以及把维也纳森林作为整体的蓄滞洪系统,以最大限度地增加蓄滞洪能力。

(2)重新设计流水堰系统。几个改造工程很难保证全部 72 万 $m^3$ 蓄水量的优化利用。

通过对 Manerbach 蓄水场和 Wienerwall 湖的再创新工作,可以优化蓄水能力,使城市河段千年一遇洪水流量减小到最大 380 $m^3/s$。

Auhof 滞洪系统的堰坝在维也纳河和 Manerbach 溪流恢复到自然河道后,滞洪区就有一个新景观。

(3)把滞洪区作为自然保护区。直至今天,Auhof 滞洪区还包括维也纳西部的最大湿地生境。这个生境是未经规划的、偶然开发的“第二手生境”的例子。大的芦苇岸边和黑的赤场、柳树单独或紧密地形成小簇是这个生境的特征。然而本自然区经流水动力学形成的典型湿地没有那些景观建筑物。

(4)把滞洪区作为一个“生态陈列橱”。这样可使滞洪区的自然区单独存在,外界的不利影响将大部分被免除,洪水进入并不产生负面影响,因为洪水是湿地自然动力学的一部分。由于滞洪区不能任由人们闲逛和骑自行车,它们的观赏性和视觉效果将会提高。

从现存的湿地生境看,许多植物种群正在伴随再建的维也纳河成长。

## 3.6　河流流域化管理

1999 年斯德哥尔摩世界水会议重点讨论“通过整体管理水的有关问题,促进城市稳定”,试图通过分析找出建设性的战略,以获得稳定、动态和有创造力的城市新模式。要把将来的城市“作为一个综合的、动态的、充满生气的实体,以水作为它们宝贵生命所必需的血液,以社会正义(公平)作为它们发展繁荣的指针,以科学、技术作为它们进步的发动机”。

针对上述关键问题,大会分如下 7 项进行研讨,即:①城市防洪减灾;②水及社会稳定;③水—废料—能源整体管理;④发展中国家的城市水管理技术;⑤长期供水和解决卫生的办法;⑥流域内上、下游城市可持续卫生;⑦城市及其周边范围的相互作用等。

与会代表们认为城市稳定不仅需要解决城市内部问题,还要提高抵制不可避免的洪水以及上游活动造成的水污染的社会能力。发展中国家的生产造成大量的污染负荷,使水环境发生大规模的严重污染,影响和威胁着大城市的经济发展,所以除了解决经费问题以外,使污染负荷最小化也是重要问题。同时还要避免城市的快速发展破坏水资源,如把水库填平作为他用,或使已建成的水库发生污染,不能利用,而新水源又相距很远,开发时常有不能克服的困难。水的再利用是一个自然方法,但长期使用也可使土壤和水发生盐碱化等问题。

会议代表们还认为地下水与城市化是相互依赖的,而"瓶颈"问题则是社会资源的缺乏,常使水资源短缺。

## 3.7　把环境问题纳入人类生命长河

UNEP 全球 2000 年环境展望报告(CEO – 2000)绘制出了一个极端忧郁的世界前景:由于增加农业生产力使土地质量下降,许多大城市空气污染处于危急关头,地球变暖不可避免。

CEO 挑选出来的一个重要方面是水。报告说世界水循环量可能被不适当地去应付未来几十年的需水要求。CEO – 2000 科学委员会认为:缺水、全球变暖是在新的 1 000 年间两个最为可怕的问题。CEO – 2000 认为许多新威胁中,一些是来自城市化环境压力的增加、严重性自然灾害的增加,以及新形式的战争等。例如,整个中太平洋地区有 3/4 的河流到达或接近最枯流量的历史记录。

但干旱仅是巨大水危机的一部分,过度抽取地下水致使中国、印度西北部、巴基斯坦大部、美国大部、北非、中东、阿拉伯海 Peninsula 地区的食品生产受到威胁。

CEO – 2000 要求深化《21 世纪议程》,号召把环境问题纳入人类生命长河的整体中去。报告谴责一些机构如金融部门、中央银行、规划部门、商业团体等忽视可持续能力,只求短期经济效益的做法,认为现在"把环境思路纳入人们生活重要决策系统并付诸行动是最好的机会"。

可持续能力是水工业实质性的事业。面对世界所遭遇问题的特性,水工业的重要性将变得非常巨大,可用来帮助水工业的显著方法是新的技术方法降价。水工业是可持续事业的一种模式。

# 第二章 探讨河流水环境与水资源保护流域化管理政策

## 1 对水环境及流域化管理的审视

### 1.1 关于水环境

　　水环境并非是一个单纯的只与水有关的水体。从环境水利学科来看,它是一个与水、水生生物和污染等有关的综合体。水环境是传输、储存和提供水资源的载体,是水生生物生存、繁衍的栖息地,是由纳入的水、陆、大气污染物组成的系统,具有易破坏、易污染的特点。水环境是一个生态系统,其确切的定义各家不一。《中国环境状况公报》则将水环境与大气环境、声环境等并列,主要指各种水体的水质及污染等状况。而在《环境科学大辞典》中则包含内容较广泛,指地球上分布的各种水体以及与其密切相连的诸环境要素,如河床、海岸、植被、土壤等。在国外有关《百科全书》中尚未找到对此有关确切的释文。

　　水环境主要由地表水环境和地下水环境两部分组成。地表水环境包括河流、湖泊、水库、海洋、池塘、沼泽、冰川等;地下水环境包括泉水、浅层地下水、深层地下水等。水环境是构成环境的基本要素之一,是人类社会赖以生存和发展的最重要场所,也是受人类影响和破坏最严重的地域。水环境的污染和破坏已成为当今的主要环境问题之一。水环境问题是由于自然因素和人为影响,水体的水文、资源与环境特征向不利于人类利用方向演变而产生的。中国面临的水环境问题主要有洪涝灾害、干旱缺水、河流干涸、河口淤积、水体污染、水土流失、地下水位持续下降、海咸水入侵等。水环境同其他环境要素如土壤环境、生物环境、大气环境等构成了一个有机的综合体,它们之间彼此联系、相互影响、相互制约。当改变或破坏某一区域的水环境状况时,必然引起其他环境要素发生变化。如实施南水北调工程将极大地改变受影响地区的水环境特征,从而导致该地区的小气候和植被发生变化等问题。因此,加强对水环境的保护,是环境保护和生态平衡研究的主要内容之一。

### 1.2 流域的概论

　　流域不仅是一个地理单元,更是一个资源、生态系统。

　　河流流域是由多种资源组成的总体,也是流域内生物与其生存环境构成的生态系统。在这个生态系统中,人是主体,是主人,因此制定流域管理战略必须考虑国家需要,有利于经济发展、社会发展和环境质量的提高,并为区域、流域和流域内城市的可持续发展服务。

　　流域开发的战略和管理规划实质上是一个巨大的系统规划问题,因此研究方案的取舍要同时运用整体观和经济观,就是既要考虑经济效益、社会效益,也要考虑生态效益、环境效益,并尽可能地符合下列原则:①有利于局部,也有利于全局,至少经过补救后无损于或少损于其他;②有利于当前,照顾到今后,考虑到未来,至少无损于未来;③有助于提高人民生活水平,有利于生态平衡。为此,对资源必须进行综合利用,对流域必须进行流域化的整体管理,采用工程措施与生物措施相结合;点(河流上的工程)、线(整个河流的梯级开发)、面(全流域)和上、中、下游统一考虑,运用系统分析的理论、优化的方法,以全流域乃至为相邻流域综合利用效益最大为目标,选择最优方案。

这个最优方案的实质就是要同时考虑经济效益与生态平衡,要从整体出发,全面控制整个流域的水土资源,使水土资源能够高效地、长期地维持稳定的生产力,并提供优良的环境质量。流域战略的制定就是要兴利除弊,合理地开发利用资源,给人类创造稳定的、优美的生产和生活条件,维持人类与自然界生产的协调性与和谐性。

# 2　河流流域化管理的战略、政策与重点

积极推进资源管理方式的转变,建立适应发展社会主义市场经济要求的集中统一、精干高效、依法行政、具有权威的资源管理新体制,以加强对全国资源的规划、管理、保护和合理利用。把加强人口和资源管理、重视生态建设和环境保护列为必须着重研究和解决的一个重大战略性问题。保护和合理利用资源的工作,要按照"有序有偿、供需平衡、结构优化、集约高效"的要求来进行,以增强资源对经济社会可持续发展的保障能力。必须长期坚持保护和合理利用资源的方针,实行严格的资源管理制度,依靠科技进步,完善市场机制,推进资源利用方式的根本转变,处理好资源保护与经济发展的关系。要把节约资源放在首位,增强节约使用资源的观念,转变生产方式和消费方式,节约使用各种自然资源。这要从法律、制度、政策、规划、调控、监管等各个方面逐项落实。

加快改革水资源分别管理的传统体制,建立与现代水利相适应的水务统一管理新体制,推进传统水利向现代水利、环境水利、资源水利和可持续发展水利的转变,推进以流域为单元,实行统一规划、统一调度、统一管理。对城乡防洪、排涝、蓄水、供水、用水、节水、污水处理及回用、生态系统良性循环和生物多样性保护及恢复等实行统一管理是符合流域的经济、社会、资源、环境四者协调及人与自然共同前进的可持续发展要求的。

流域化管理的重点是应把流域情况、问题及要求作为一个战略问题,进行决策。美国在《恢复和保护水体的10项原则》中认为:"流域管理的重点是加强水生系统的正常循环功能和保护生物多样性,而不仅仅局限于减少化学污染物。流域管理也要能促进公众的积极参与,并在政府、公众、私有部门之间建立合作的基础。"

# 3　中国流域化管理的战略原则

流域化管理战略要根据国家经济、社会、环境开发计划提出的战略目标和任务,以及流域的情况和特点,按需要与可能提出流域开发、管理的战略目标和任务,分别提出近、中、远期水利开发安排和土地利用计划。在制订计划时要实事求是,量力而行,要求不要超过可能。流域开发管理的战略原则主要有以下几个。

## 3.1　清查自然灾害,制订防治规划

中国江河多为雨洪河流,雨洪危害最大。流域开发管理时,考虑减免洪涝灾害常常是第一位的问题。例如汉江流域在1949年以前洪涝灾害频繁,中下游平原地区十年九不收,民

不聊生。新中国成立后,我们根据需要与可能,首先加高加固堤防,提高防洪标准;再根据河道泄水量上大下小、不平衡的特点,兴建了汉江杜家台分洪闸,采用分流减洪,进一步提高下游河段的防洪能力。并从流域规划着手,以防洪为首要任务,贯彻综合治理、综合利用的原则,拟订流域的整体开发方案,选择第一期工程为丹江口水利枢纽工程。从系统的观点出发,研究防洪工程的合理组合,即用防洪工程系统统一安排防御洪水,从而选择确定防洪主体工程的合理组合及相应的规模。最后选定实施的汉江中下游防洪方案是:通过丹江口水库调节洪水,同时利用杜家台分洪工程及局部堤防,扩大新城以下河段的泄洪能力,保证中下游河段在近期可防御百年一遇,即与1935年同等级的洪水。

## 3.2 评估水土资源,科学安全开发

首先,应调查探明流域水资源的数量和时空分布以及沿河资源的分配和使用情况,并进行初步的水资源供需平衡分析,提出开发方案。对此,必须做好以下工作:

(1)对流域内土地的利用方式做出初步安排。

(2)在优先利用当地径流和节约用水的原则下,对每一部门和流域内的每一地区进行水资源的初步分配。

(3)在综合利用水资源和除弊兴利的最优结合条件下,对流域开发管理的几个比较方案进行优选。开发利用、保护和管理水资源要注意工程布局,并进行水量和库容的合理分配,协调各部门之间、各地区之间的矛盾。

当本流域水资源充沛并有余量,而相邻流域却干旱缺水时,可以把本流域及相邻流域作为一个整体进行水量平衡与分配,确定各不同水文年的水量分配方案。

## 3.3 评价环境影响,促进生态良性循环

要把江河流域作为一个生态系统,合理地、持续地利用流域水土资源的生产能力而不至于使环境恶化或退化,使流域内人类与自然能够协调发展。例如在水量的供需平衡上既要统一考虑土地的需水量和人类社会活动的用水要求,也要考虑自然安全用水;在开垦土地时,不能只顾当年的种植,而不考虑可能引起的水土流失对下游河道水库的影响;在开发森林资源时,不能只顾开采,而不顾更新;在捕捞生物资源时,不能只追求当时的捕获量而采取一网打尽、竭泽而渔的办法;在改善干旱地区的灌溉供水时,不能只顾灌溉,不顾排水,致使地下水位上升,农产量不能增加,甚至在有些地区引起土地的盐碱化。曾经许多流域盲目围垦湖泊和大量砍伐森林对水资源和生态系统造成了严重的破坏。所以,做好整体规划,认真研究开发对环境的影响,事先采取对策,是流域开发管理的重要战略原则。

## 3.4 保护好水环境,充分发挥多功能作用

水环境不仅可以提供水资源、生物资源、旅游资源等,还有发电、航运、排水等许多功能,但它又是人类活动一切废物的最终归宿。所以,现在许多水环境污染很严重,以致影响它的正常用途,这是一个普遍性的问题。因此,保护好水环境是应引起高度重视的问题。

要保护好水环境,就需要制定水环境质量标准、地区水污染物排放标准,研究河流的稀释自净能力及环境容量等问题。一般是根据河段的用途,选定水环境质量标准,再根据设计的水文、气象条件计算河段的稀释自净能力,把根据环境质量标准算出来的河段下断面的允

许负荷量加上河段的稀释自净能力，然后与河段各排污口排放的污染物浓度、总量进行平衡比较。如后者大于前者，就要根据经济比较的原则，找出最优的负荷分配方案，据此求出各工厂各排污口的排放量，从而确定地区水污染物的排放标准。

## 3.5 控制土地利用方式，保护土地资源

土地是宝贵的资源，应该尽最大可能保护，不使它退化、沙化、盐碱化和污染毒化。一切建筑应该尽量少占用地，建设水利工程也应在满足项目要求的前提下，尽量节约土地，减少淹没损失，特别在人多地少地区更应如此。全流域土地利用方式的选择，对经济、社会和环境的影响很大，应从全流域出发，统筹安排。仅就与水资源的关系讲，流域的用地与水量、水质的改变和水环境的污染是紧密相关的。工业形成点污染，农业形成面污染。城市化一方面使用水量加大、排污量增加，另一方面由于城市覆盖面积的增加，使径流量增大、洪峰集中时间变短，这些对下游水环境的影响都是值得注意的问题。另外，土地耕作制度、种植作物的改变也影响到水质、水量。所以，流域的水土资源保护管理是互相影响、互相制约的。原因是保护土地资源，使江河发挥持久、稳定的生产力，首先要从水利上减少洪、涝、旱、碱灾害，为其创造条件，要保护水环境使其发挥稳定的再生能力，也要对土地资源及土地利用方式进行控制。因此，做好全流域的整体规划、协调全流域的水资源规划、土地利用规划、环境保护规划，以及其他有关规划，以最少的投资，获得最大的效益（经济、社会、环境和生态等方面）是属于战略性的问题。

保护土壤的目的，在于建立良好的土壤生态系统，对此要注意以下几点：

（1）合理利用土壤。要根据土地（农业）区划，安排作物结构，在开发利用土壤资源的同时，要注意土壤资源的保护，防止水土流失，任何掠夺式开发、侵占和污染农田、不合理利用土壤，都会造成破坏生态平衡的恶果。

（2）消除土壤低产因素。根据区域自然环境特点，因地制宜改良土壤。如在山丘冲垄底部常有冷浸烂泥田改造问题，在岗地常有黏重土壤改良问题等。

（3）建设良好土壤环境。提高土壤肥力是重要环节，提高防洪、排涝，利用蓄、引、提等灌溉条件，结合平整土地，培养土壤肥力，进一步做到山水田林路综合治理。

土壤生态系统的控制包括生物控制、物理控制和化学控制。生物控制包括合理利用土地、采用适宜的种植制度，施用有机肥和种植绿肥。物理控制包括平整土地、修筑梯田、灌溉和排水等。化学控制包括限制施用化肥、农药和结构改良剂。只要控制得当，符合自然和经济发展的规律，才能充分发挥系统的功能，在库区和灌区建立良好的土壤生态系统。

## 3.6 促使河流重获生机，更好地经营管理

（1）一定要保证动、植物生长用水和供应居民饮用水的最低流量。通过一些比较分析以后可以采取相应措施。例如枯水季节限制取水，利用水库中的存水为枯水季节中的河流补充水——基本流量。

（2）重新恢复江河的生机，妥善地管理好江河两岸。禁止或限制在洪水河床、低水位河床上采挖建筑材料，尽快找到它们的替换材料。还必须很好地维护好河床，建立持久的维护机构，保证稳定的财政供给。

（3）保证洄游鱼类的回返。这对于某些流域上游是一个重大问题，同时也是一个珍贵

的标志。如果洄游鱼类全部洄游,这说明洄游鱼类全程洄游线路上总体水质是好的;水的质量、水的流量、水的富营养化减弱或得到控制,洄游鱼类的授精、产卵区得到保护,鱼窝受到保护,河道中没有对鱼类造成伤害危险的障碍物。

(4)保护和开发湿地。采取有力措施保护湿地。湿地在生态环境上有很高的价值,还有调节的功能,如自动净化水、缓冲流量和水位的变化等。

一些特殊的湿地关系到全国利益,或者各国利益,因此牵动了所在国家领导人、周边人民和水资源用户的心。必须和相关各界代表一起商定一个长期的持续管理的计划。

对其他一些涉及地方利益的各种各样的湿地,主要是那些冲积平原上的湿地、流域源头上的湿地,也要采取措施加以保护。

## 3.7　保护和恢复沿海生态系统

流域的滨海地区一般在流域经济活动中所占分量很大,应该做好以下工作:

(1)建立滨海海水质量公报制度,并配套建立滨海永久监测系统。

(2)坚决减少来自某些方面的细菌污染(浴场、养鱼等),建立起与之匹配的废水净化处理系统。

(3)在流域的重点地区坚决减少营养物质(主要是氮、磷)排进大海,营养成分的进入是造成海水富营养化现象的根本原因。

(4)在制订滨海整治方案时,一定要考虑防止水生环境的污染。

(5)入海口的生态作用非常重要,尤其要控制营养成分进入,保护好入海口水生环境的污染事关重大。

只有做出这些努力后,才能恢复滨海整体的自然功能,首要的就是浅海渔业和海滨浴场等用途。

## 3.8　要与农业部门进行协调

从整体上来讲,要在如下方面取得成功:①管理和限制畜牧业的垃圾污染;②加强对取水的监管,必要时,限制取水量;③减少因某种种植方式造成的污染;④保护饮用水的取水和供水区域,保护好河岸;⑤贯彻实行农业环境保护措施;⑥城市废水或工业废水净化后的污泥作为肥料使用要签订合同;⑦制定必要措施,防止掩盖和低估农业对水生环境的污染。

# 4　展望

制定可持续发展战略是关键所在,而战略学的重点是研究问题的全局和关注问题发展的各个阶段。战略学是研究全局性问题的科学,所以研究流域开发的战略问题必须抓住影响全局的问题和发展的要求。首先设法减免自然灾害,促使流域生态系统良性循环,合理分配资源,注意协调各部门、各地区的需水矛盾,保护水环境与水资源,保护土壤资源,考虑远景发展对生态环境的改变等,是统一做好水资源规划、土地利用规划和环境保护规划的战略性问题。

一个流域的洪、涝、旱、碱灾害发生的频率和水、土资源污染、流失、利用的情况是流域开发战略思想正确与否的标志。因而,研究流域上、中、下游上述问题的情况,才能找出应解决的重点问题,确定水土资源控制、利用的方向。所以,整个流域有它的重点,各河段和各地区

也有各自的重点。21世纪治理河流必须把水量的平衡、分配与水质的保护和改善同时结合起来。概括地说,主要是:

(1)要把防治水害(防洪、排水、污水处理……)与水资源的调节(蓄水与调水)进一步结合起来,并强调污水的输送、处理与排放。

(2)要利用水资源工程开发环境,并使社会经济的发展与流域的自然条件相协调。

(3)要合理地利用水、土、能源、资金和人力等自然和社会经济资源,进行多目标的水资源调节;开展流域内的国际合作或区域合作,进行需水控制和水资源再利用以及科学地分配水量。

# 第三章　城市生活垃圾的处理及回用

## 1　城市生活垃圾的危机

哪里有人的踪迹,哪里就有垃圾,高耸入云的珠穆朗玛峰上也留有很多登山队员的废弃物。当前城市生活垃圾在中国,乃至世界已成为一个公害。

### 1.1　侵占大量土地

以北京市为例,1985 年平均每天产生生活垃圾 6 000 t,2010 年平均每天产生生活垃圾 18 000 t,而且还以 8% 的速度增长着。如以 1 万个以上的垃圾处理堆计算,需占地 9 000 多亩(1 亩 = 1/15 hm$^2$)。试想,中国的城市垃圾要占用多少土地啊?! 上海市生活垃圾日产量也达 16 000 t,过去曾是"皇帝的女儿不愁嫁",即用收费按计划分配的办法,送往市郊及江苏、浙江两省农村作肥料。现在则不再受欢迎,因为其中污染物日趋增多、造成土地渣化等问题,致使垃圾无处倾卸了。

据 2010 年统计,中国近 700 个城市中有 2/3 已处在垃圾的包围之中,有 1/4 已经基本没什么垃圾填埋堆放的场地,人们也无可奈何地称这种景象为"垃圾围城"。

高速发展中的中国城市,正在遭遇"垃圾围城"之痛。据 2013 年《人民日报》等媒体报道,北京市日产垃圾 1.84 万 t,如果用装载量为 2.5 t 的卡车来运输,长度接近 50 km,能够排满三环路一圈。并且北京每年垃圾量以 8% 的速度增长;上海市每天生活垃圾清运量高达 2 万 t,每 16 天的生活垃圾就可以堆出一幢金茂大厦;广州市每天产生的生活垃圾也多达 1.8 万 t……

住建部的一项调查数据表明,全国许多城市被垃圾包围,全国城市垃圾堆存累计侵占土地 75 万亩。

"垃圾围城"不仅是城市病,而且蔓延到了农村。2013 年环境保护部部长周生贤就环保问题做报告时指出,全国 4 万个乡镇近 60 万个行政村大部分没有环保基础设施,每年产生生活垃圾 2.8 亿 t,不少地方还处于"垃圾靠风刮,污水靠蒸发"的状态。

"垃圾围城"对公众身体健康的危害已经显现。据《南方都市报》报道,广东省东莞市虎门镇远丰村是一个有 400 余人的村庄,村后有座垃圾山,10 年间 12 人因患癌症死亡,被包括央视在内的众多媒体冠以"癌症村"的称号。中山大学第一附属医院教授、博士生导师石汉平表示:"这样的肿瘤死亡比例实在太高。"

"垃圾围城"日益严重,但中国整体垃圾处理能力还远远不够。以北京市为例,现有垃圾处理设施的设计总处理能力日均约为 1.03 万 t,每天缺口达 8 000 余 t。

根据中国环保产业协会城市生活垃圾处理委员会的统计,2011 年,全国 657 个设市城市(包括直辖市、副省级城市、地级市、县级市)生活垃圾处理率为 91.1%,其中 20.1% 为直接堆放或简易填埋。以当年城市垃圾清运量 1.64 亿 t 计算,仅上述 657 个城市,当年已堆积未处理的垃圾就接近 5 000 万 t。

　　据了解,世界上通用的垃圾处理方式主要有填埋、焚烧和综合利用(再生循环利用)三种。中国大多数城市都把填埋作为首选,而不少垃圾场是各方利益的结合体。但众所周知,中国是一个土地稀缺的国家,特别是在人口密集、垃圾产生量大的城市地区,填埋方式将受到越来越多的限制。

　　全国人大常委会副委员长陈昌智表示,垃圾处理现在看来绝对不是我们发展中的单纯的"垃圾问题",应当放到整个经济社会发展的全局,放到子孙后代永续发展的高度上去认真面对。他认为,最好的处理办法是先焚烧然后再填埋,这样会大大减少填埋量,减少对土地的占用。同时垃圾焚烧发电也能够"变废为宝",实现资源的循环利用。但现实的困境是很多地方担心垃圾焚烧带来大气污染,焚烧场周边的居民抵触情绪很大。实际上,中国技术已经可以实现燃烧后每立方米空气二噁英的含量不超过 0.1 ng,符合欧盟的环保标准。

　　北京市政市容管理委员会的相关负责人也曾表示,垃圾经过焚烧之后体积是原来的 1/5,质量只有原来的 1/15,可以有效减容。

　　垃圾焚烧要保证监管到位,监测数据真实可靠,增加监管的透明度,让公众不仅参与项目的环境评估,还能参与到垃圾处理设施建好后的运营监督中。垃圾焚烧的前提是要做好垃圾减量和垃圾分类工作。

　　早在 2000 年,北京、上海、广州、深圳、杭州等大城市就被列为首批生活垃圾分类试点城市。然而至今,很多城市中的垃圾分类工作依然举步维艰,甚至陷入名存实亡的境地。

　　《中国青年报》社会调查中心于 2011 年进行的一项调查显示,垃圾分类之所以很难推行,受访者眼中最重要的原因是人们难以养成垃圾分类的习惯(63.0%)。其他原因还有政府不重视(62.1%),政府投入不够(61.4%),分类标准复杂、很难掌握(54.3%)等。

　　2012 年 9 月 23 日,国家发展和改革委员会资源节约和环境保护司有关负责人在东盟博览会上表示:中国有上百个城市、近千个县没有生活垃圾处理设施。"十二五"期间,将重点关注生活垃圾无害化处理,国家将投资 60 亿元加以处理,并将推出利好政策鼓励企业投资。各地方政府也将有 450 亿元投资鼓励垃圾清洁处理。

　　另据 2016 年 12 月 31 日国家发展和改革委员会和住房城乡建设部联合发布的《"十三五"全国城镇生活垃圾无害化处理设施建设规划》,截至 2015 年,全国设市城市和县城生活垃圾无害化处理能力达到 75.8 万 t/d,比 2010 年增加 30.1 万 t/d,生活垃圾无害化处理率达到 90.2%,大部分建制镇的生活垃圾难以实现无害化处理。

## 1.2　严重污染环境、传播疾病、影响市容

　　1985 年全国城市生活垃圾的产生量近 1 亿 t,而清运量仅 5 188 万 t,而其中无害化处理量只有 543 万 t。

　　2008 年全国城市生活垃圾的产生量达到 3 亿多 t,清运量 1.5 亿多 t,而其中无害化处理量近 1 亿 t。大量原始垃圾裸弃城内,或就近排入江河湖海,致使土地、水域、空气等环境普遍遭受严重污染。

　　《2015 年中国环境状况公报》显示:2015 年全国设市城市生活垃圾清运量为 1.92 亿 t,城市每年产生活垃圾无害化处理量 1.80 亿 t,其中卫生填埋处理量 1.15 亿 t,焚烧处理量 0.61 亿 t。

　　民革中央 2012 年在全国政治协商会议上的提案显示,中国县级以上城市有 3 200 多

个,城市居民人口 6.9 亿,如按每人年产垃圾 440 kg 计算,城市每年产生生活垃圾约 3 亿 t。由于公众对垃圾焚烧影响居住区环境质量有顾虑,垃圾焚烧厂建设步伐缓慢,造成 2/3 的城市处于垃圾包围之中,1/4 的城市已无垃圾填埋场可选。

## 1.3　城市垃圾造成二次污染

美国在研究城市污水处理厂的污水来源时,竟发现一年中有 60% 的 BOD(生物化学需氧量)来自垃圾(雨水径流)。

另据实验研究,1 kg 垃圾在氧化状况下,经淋溶分解后,可产生 492 mg 硝酸盐、1 607 mg 硫酸盐、860 mg 氧化物,生成矿物质总量 9 016 mg。

# 2　国外治理概况

生活垃圾的成分因各国或各城市的自然条件、经济、资源、能源等结构,消费水平、生活习惯等不同而各异。据统计,发达国家或地区的城市垃圾中,纸张、塑料、竹木等废物较多,可燃成分较大(约占 40%,最低发热量 1 200 kcal/kg),而且厨房垃圾中有机物较多。发展中国家则大多是厨房垃圾,且无机物约占 70%。

而各自采取的相应处理方法有卫生填埋、堆山、堆肥、焚烧发电等,典型范例如下。

## 2.1　发达国家

发达国家越来越重视城市垃圾的分类收集和分别处理,力求做到垃圾的无害化、科学化和资源化。

### 2.1.1　德国

德国的垃圾全部进行了卫生处理或卫生填埋,或是堆肥和焚烧处理。如位于杜易斯堡的 Emscherbrucn 填埋场是欧洲最大的垃圾处理厂,总面积为 350 hm²,其中 1/3 用于卫生填埋,2/3 用于绿化,年处理垃圾 100 万 t。

众所周知,填埋垃圾最大的弊端是容易污染地下水,因此该垃圾处理厂在选址和处理工艺上都相当严格。如专设一个设备齐全的化验室,所有垃圾在填埋前都要经过严格检验分析,有毒有害物必须挑出另行处理。

另外,填埋场底部铺设了塑料板,防止垃圾渗滤液和填埋场面源污水渗入地下水层,并在防水沙土层内埋有吸水管道,以便垃圾填埋产生的污水流入附近的污水处理厂集中处理。填埋场还每隔一定距离建立一个观察井,以利于经常对地下水监测。现在那里虽是垃圾填埋场,但其景色却让人有置身于花园之感。那里逐渐形成树木繁茂、繁花似锦的公园。

### 2.1.2　日本

日本由于国土特征和社会经济发展,其垃圾处理方法也是随机应变,如卫生填埋、高温堆肥等。

据报道,日本用 20 年的时间利用东京市生活垃圾在海洋上已堆置了一个面积为 220 hm² 的人工岛。

### 2.1.3　美国

美国是世界上产垃圾最多的国家,其城市垃圾每日可达 100 万 t。过去 90% 进行卫生填埋,后来几乎所有垃圾弃置区均已饱和。政府和环境保护专家在进行垃圾成分分析、处理方法比较后,决定大量建造垃圾焚烧厂。因为垃圾焚化后的灰烬,只剩原体积的 10% ,又可从中回收能源(用于集中供热、发电等),而燃烧的灰烬还可用作混凝土添加剂,或作铺路底层材料。

焚烧垃圾以选烧法为佳,即先将不可燃物和有毒有害物挑出,则其燃烧效率和产能效果均好,且可避免大气污染。美国已有 262 家垃圾焚烧厂。

加利福尼亚州有一座综合利用垃圾的沼气场,每天可产 7 000 m³ 沼气(每吨城市垃圾可产 20 ~ 50 m³ 沼气),足够 5 700 kW 发电机运转,1 年又能处理掉 2 000 万 t 垃圾。

世界上已有 300 多座利用城市垃圾生产沼气的场所。

进入 21 世纪,美国城市生活垃圾的再生利用量每年达 6 500 万 t(占比 30% ),堆肥 2 000 万 t(占比 10% ),废物回收总量 8 200 万 t(占比 40% ),回收后填埋量 28 300 万 t(占比 60% )。

### 2.1.4　英国

英国已建成一座日处理 1 000 t 城市垃圾的再生燃料厂,用垃圾制成的丸状燃料,其能量相当于煤的 67% 。

## 2.2　发展中国家

发展中国家对垃圾的处理一直是任意堆放和填埋。如做无害化处理,则偏重于高温堆肥,以供农用。这是经济贫困造成的。

# 3　中国治理概况

中国大多数城市居民生活水平还不高,城市煤气使用率也较低(25% ),故垃圾中无机物成分较多(参见表 3-1)。

表 3-1　中国部分城市垃圾构成　　　　　　　　　　(单位:%)

| 构成 | 北京 | 上海 | 武汉 | 广州 | 杭州 | 深圳 | 无锡 |
|---|---|---|---|---|---|---|---|
| 无机物 | 56 | 55 | 67 | 65 | 26 | 40 | 56 |
| 有机物 | 39 | 40 | 30 | 32 | 70 | 40 | 40 |
| 可燃物 | 5 | 5 | 3 | 3 | 4 | 20 | 4 |

据科学研究,堆肥法要求有机物含量要高于 30% ,焚烧法要求热值要在 1 200 kcal/kg 以上。另外还需考虑国力、国情等(参见表 3-2)。

表 2　美国处理 1 t 城市垃圾的平均费用　　　　　　(单位:美元)

| 方法 | 堆肥 | 焚烧 | 卫生填埋 | 露天自然堆放 |
|---|---|---|---|---|
| 平均费用 | 40 | 30 | 20 | 3 |

中国大中城市已逐渐实施垃圾无害化处理。

## 3.1　无锡市

1985 年,无锡市人口 90 万人,日产垃圾 450 t 左右,过去一直污染环境。无锡市政府参照国外先进经验,并根据自身情况,采用了高温堆肥法,既避免占用大片土地,又可解决附近农村缺肥问题。

垃圾在初选后,经 10 d 高温发酵,再进行磁选、研细、筛选,最后在常温下发酵 10 d,变成腐熟营养土。

## 3.2 天津市

1986 年,天津市年产 150 万 t 生活垃圾,以前一直无出路,遂成公害。后来天津人化害为利,在水上公园南侧用垃圾经卫生处理后堆积一座游览山。采用垃圾 860 万 t,"七五"期间全市的垃圾都不够用。山上栽树种花,修建亭台楼阁,山下开挖人工湖(其土再加防腐剂等用作垃圾堆积的穿插铺垫)。这在中国是改天换地之创举!北京等地也都效仿。

## 3.3 杭州市

1986 年,杭州日产垃圾 600 多 t;2010 年已高达日产 6 400 t。该市自 1986 年兴建中国第一家无害化、科学化的垃圾填埋场起,已建立和使用了一系列大型卫生填埋场。这些卫生填埋场可供本市消纳数十年的生活垃圾。卫生填埋场包含垃圾坝、截污坑、污水池、污水处理厂、环库排洪沟等设施。

## 3.4 梅山区

江苏沼气研究所与上海梅山冶金公司共同进行了垃圾的厌氧处理试验。梅山生活区的燃料普遍为煤气,故生活垃圾中有机物多,因此采用了沼气法。即先将垃圾粗选(除去玻璃、塑料等)后,进行好氧堆沤 3 d,至温度为 65 ℃时,接种活性污泥 30%,再进行常温厌氧发酵 3 个月。每吨垃圾可产沼气 43 $m^3$,产气率约为 0.4 $m^3/(m^3 \cdot d)$。

经发酵后的垃圾质量约减少 57.6%,体积减少 77%;余物还约含全氮 0.8%、全磷 0.2%、全钾 0.6%、有机物 12%,是良好的有机肥料。

## 3.5 福州市

福州市科学技术委员会为解决社会公害——城市垃圾,通过大量试验、论证和三次中试,已经用煤灰生产出成百吨 225 号建筑水泥,其质量基本符合有关国家标准的技术要求。

## 3.6 深圳市

深圳市是中国第一个使用电脑控制的垃圾焚化厂来处理城市垃圾的城市。两条生产线可日处理 300 t 垃圾,还可用余热发电(500 kW),处理过程中排放的废气和污水也采用了静电除尘和一系列化学处理,以免发生二次污染。

## 3.7 大同市

大同市是一个拥有百万人口的城市,每天都会产生 1 000 t 垃圾,这些垃圾会被源源不断地运到大同富乔垃圾焚烧发电有限公司。大同垃圾焚烧发电项目是 2009 年年底竣工投产的,至今已经运行了多年。

## 4　前景预测

经调查研究，进入 21 世纪，中国城市垃圾的构成及其处理方式预测如下。

### 4.1　垃圾成分

今后的垃圾中，塑料包装、水果和菜叶皮等可发酵物，废纸等天然纤维，金属和玻璃包装、碎砖瓦和渣土等无机物将依次大幅度增加。

### 4.2　处理方式

（1）南方沿海城市以卫生填埋（海）为好。
（2）南方内陆城市则以高温堆肥为好。
（3）北方城市以卫生填埋或高温堆肥为好。

### 4.3　垃圾焚化

全国城市垃圾低位发热平均值能超过 0.33 kJ/kg（焚烧法要求的最低值）的时间在 2010 年以后，并逐年增高。

## 5　治理趋势

随着经济的飞速发展和人口不断增加，城市垃圾必将有增无减。因此，垃圾再生资源化逐渐成为各国环境保护的战略方针之一。

美国著名的皮特蚯蚓养殖公司设计了一座用蚯蚓处理垃圾的"迷宫塔"。该塔直径 11 m，每层高 30 cm，可建 60～80 层，每层用塑料隔板做成网状的迷宫系统，便于蚯蚓在此自由运动，从而提高处理垃圾的速度。塔内平均每条蚯蚓每天可食 0.5 g 垃圾，如以一座高 24 m 的迷宫塔能养 200 万条蚯蚓计算，其可用作处理 10 万人当量的生活垃圾。

另外，迷宫塔可提高蚯蚓产量 60% 以上，而蚯蚓类既是理想的有机复合肥料，又是动物饲料的优良添加剂。

总之，废物是可以利用的。所谓废物，只不过是人类的智慧尚未开发出它的价值、认识到它的作用罢了。

## 6　战略措施

### 6.1　依法治理

加强立法，以便有法可依、有法必依、执法必严、违法必究。如应该把《关于进一步加强城市生活垃圾处理工作的意见》中的有关内容形成法律、法规，出台配套制度，理顺管理体制，明确职责。对高危垃圾处理进行重点监管，特别是关注医疗垃圾、化工废料、电子类废弃物的回收和再利用，加大对垃圾违规处理的处罚力度。

据统计，中国大中城市的包装废弃物约占城市生活垃圾总质量的 30% 和总体积的 50%，包装废弃物处置占用了大量的填埋用地。以衬衫包装为例，8 亿件盒装衬衫要用纸 24 万 t，相当于砍伐 168 万棵大树。

借鉴发达国家经验,尽快制定出台商品包装法和相关条例;实行"谁包装,谁回收"的商品包装责任制,生产和商贸企业应主动回收商品包装或承担包装废弃物处理处置的费用;制定鼓励政策,引导可循环使用和可降解包装的研发和生产。特定行业应研究制定包装物的循环使用次数标准,严格禁止使用不可循环使用或者不能达到特定再循环比例的包装材料。

## 6.2 制定规划

制定和落实建设城市环境卫生工程的近、远期规划,环境卫生建设必须与城市其他建设同步进行。

## 6.3 "五化"治理

治理城市垃圾要以"五化"(减量化、无害化、能源化、资源化和工厂化)为目的。

## 6.4 控制来源

### 6.4.1 改变燃料

要减少城市垃圾,首先就要改变城市燃料构成,加速实现煤气化、液化气化、天然气化。

如能将中国所有城市气化率达到90%以上,不但可大大减少垃圾(煤炉灰)产量,而且将改善中国城市大气污染严重的状况。

### 6.4.2 蔬菜加工

据统计,中国城市垃圾中30%来自于蔬菜的废菜、根须等,其数量往往可达食用量的2~3倍。因此,应提倡在生产区先加工处理,再以净菜进入市场。废菜原地还田作肥料或饲料。这样既可减少往返运输,又可减少城市垃圾量。

### 6.4.3 废物回收

据统计,城市垃圾中约有10%来自工业品,这些可再生回用。

如北京市的垃圾中纸张、塑料、金属、玻璃等约占垃圾总量的10%,每年将有100万t尚可复用的财富被埋葬。这是废品收购价格偏低造成的。

我们应当紧抓废旧物资的回收工作,适当提高收购价格。这是利国利民、一举多得的重要措施。如武汉市废旧物质回收公司每年回收废品总价值达6亿多元,回收总量高达200万t左右。

## 6.5 分类处理

加强开展城乡生活垃圾分类收集回收试点工作。政府带头实行垃圾分类收集试点和示范点。要完善垃圾分类的激励机制,免费发放简便易用、分类细致的家庭垃圾回收装置(不只是可回收、不可回收垃圾两种垃圾桶),对可利用垃圾付费回购,不可利用垃圾收费回购,对电子垃圾、电池等高危垃圾建议付费回购,以减少随意丢弃的危害。同时,尽量将垃圾的投放与运输环节相衔接,做好清运对接,完善垃圾分类、收集、运输和处理产业链。可以引入连锁企业,解决垃圾搜集地域覆盖广、分类后转运难的问题。

垃圾回收处理是一项系统工程,建议城市农村同步开展试点。要建立城镇化过程中的环境保护优先机制。普遍在中小城镇或乡村设立小型化生活垃圾处理设施,有条件的中小城镇应推广和坚持实行生活垃圾分类及垃圾后处理的完整链,有条件的乡村都应有小型生活垃圾焚化炉。

　　还要建立切实可行的城镇社区环境保护的管控与奖惩机制,配套制定有利于中小城镇和乡村内里及周边环境卫生洁净的村(镇、乡)规民约,也可以建立中小城镇与乡村环境保护监管员制度。

　　电子垃圾(电池、手机、节能灯等含有重金属的生活垃圾)缺乏责任主体和回收制度。数据显示,中国每年消费电池80亿只,节能灯大约30亿只。即使居民将这些垃圾分类后,也没有相应的机构专门接收这些强污染生活垃圾,大家只得将其与一般垃圾混合,而垃圾处理机构又没有进行分拣。可以以居民小区为基本单位,设立回收点,按一定周期(周、旬、半月)汇集到社区,环保部门按月到社区接收。同时实施以旧换新,提高群众的积极性。在德国等国家,便利店、商店都可以回收废电池。而中国在2011年正式实施的《废弃电器电子产品回收处理管理条例》中还没有涉及手机和电池。

　　餐厨垃圾要在政策上强制正规回收。中国每天产生餐厨垃圾约6 000万t,其中相当比例被用来喂猪,还有一些废弃油脂成了非法炼制"地沟油"的原料。在"地沟油"小作坊层出不穷、"垃圾猪"饲养场屡禁不止的情况下,餐厨垃圾必须集中收集处理,要从源头上控制污染。事实上,餐厨垃圾无害化处理后,可以生产出高蛋白饲料和生物柴油。有专家算过一笔账:生产生物柴油每吨的保守利润是1 500~2 000元,而每5 000万t餐厨垃圾,就能生产出相当于1 250万t的优质饲料,每吨售价为4 000~5 000元。

　　城市垃圾要分类集装、分别处理。如炉灰、泥土、碎砖、瓦屑等无机物可单独用作填注、堆山、入海围田等,简便安全。而废纸、草类、牲畜粪便等有机物则可用作制备沼气或高温堆肥等。

## 6.6　焚烧发电

　　垃圾焚烧发电,既治理了污染,又带来了电力,既环保,又节能,是一举数得的优选垃圾处理方式。

　　据统计,中国如果现在能够将每年产生的垃圾以焚烧发电的方式处理掉,大概相当于一年节约8 600万t煤。

## 6.7　国民素质

　　从提升国民素质到完善管理制度,都应齐头并进,舍得下打基础、利长远的工夫,才能真正把垃圾这种"放错地方的资源"放到正确的地方去。事实上,近年来在不少城市,垃圾分类举措一直在推行中,但成效却不明显,共同的问题是市民参与不给力,理念上认同、行动上滞后。深圳的一份调查显示,九成以上市民支持垃圾分类,但八成家庭没有进行垃圾分类。利益杠杆往往是有效的行动支点,垃圾袋实名、按袋收费的做法,可以从经济上倒逼市民增强环保责任意识,自觉采取垃圾分类措施,减少多扔、乱扔等现象,这与收拥堵费缓解拥堵的思路不无相通之处。

　　日本是世界上垃圾分类回收做得最好的国家,每年人均垃圾生产量只有410 kg,其成功的法宝就是国民教育、环境保护管制与回收经济结合起来,形成了相当坚实的社会基础。在日本,垃圾分类教育"从娃娃抓起",扔垃圾行为有《废弃处置法》约束,垃圾回收后进入循环利用,甚至连公厕的卫生纸都用回收车票制成,经30多年不懈努力,才摆脱了"二噁英大国"的恶名。

# 第四章　发展中的替代农业

## 1　替代农业的兴起

20 世纪 70 年代后,随着全球人口激增,自然资源衰竭,尤其是土壤资源的严重损失,环境污染和能源紧张日趋严重等问题,农业生态系统自我维持能力降低并引起了一系列生态危机。

常规农业也在这种恶性循环中面临着新的挑战。而低投入的替代农业的出现则是常规农业面临挑战的必然结果,是农业的一次新的革命。

由于替代农业的声势日趋增大,农业发达国家寻找降低生产成本和更经济的生活的农民,寻找健康途径的消费者,都希望从替代农业中寻找答案。为此,建立了很多生产者和消费者组织,迎合生态农场、有机农场要求的企业开始提供种类繁多的投入产品,甚至政府也开始对此表现出比过去更大的兴趣。

## 2　国外发展情况

替代农业技术通常涉及遗传、育种、栽培技术、生态学、生物、化学、土壤、植物保护、园艺、水产养殖、畜牧、林学、生物工程及资源经济学等各个领域,就目前而言,通过技术人员把研究成果推广应用于农场实践,使之转化为效果明显的替代农业生产技术措施。

替代农业常采用的技术措施有以下几种。

### 2.1　新兴农作方式

新兴农作方式是指有利于水土保持、提高土壤肥力及生产能力的耕作及施肥方式。

美国罗尔研究中心的农业科学家研究了变常规农业为替代农业耕作系统的过程,阶段研究表明,最初两年,对于原来进行常规生产的农田转成有机生产时,以玉米为轮作起始作物会因营养不足和杂草、病虫害严重而减产40%,但若以燕麦和红三叶草为起始作物,则可很好地控制杂草而得到较高产量。大豆的产量与常规系统相同,有机生产的第三年,玉米产量仅比常规方法低10%,其他谷物产量一直很好。

从事替代农业的农民认为:充满根系的土壤才是真正的财富。重型机械在 20～30 cm土层进行翻耕,既破坏了表土结构,又压紧犁底层,阻碍了上、下层土壤的水、肥、气、热等的沟通,降低了土壤活性,妨碍了作物的根系发育,影响了生物的产量。

因此,主张采用深根作物与中耕作物轮作,特别是多年生牧草有发达的根系,加上蚯蚓、微生物共同熟化深层土壤,将表层土重新混合一下,而不是把土壤翻转过来,浅耕深度 6～10 cm,以便使作物残渣和粪便分布在土表或接近土表层。美国的有机农业通过豆科作物根部固氮细菌固氮输入氮素。在某些情况下,粪便或其他有机废物也可加以利用,以提高土壤有机质的含量。

## 2.2　替代农业病虫害防治技术

国外替代农业的一个重要特征是不用或少用化学品。因此,控制病虫害是替代农业技术研究和实践的另一个重点。

根据生态学种群相生相克的原理,利用系统管理的方法,进行综合治理。例如罗代尔研究中心就用瓢虫和草蛉来控制温室中的构蚜虫;通过栽培措施治虫,也有明显效果;用一些可释放出芳香化合物的植物,例如艾菊、假荆芥等,与一些农作物混种来控制马铃薯甲虫、蚜虫、黄瓜甲虫等蔓延,但当所有非化学方法都不奏效时,一些农场仍使用少量除草剂,作为最后的应急措施。

## 2.3　替代农业中的品种选育原则

种群多样化是实现稳定的农业生态系统的基础,致力于发现和培育新的具有潜力的新作物,选育适合当地生态环境的家畜品种也是替代农业研究领域的一个重要方面。

在家禽品种选育方面,替代农业按照与常规高输入农业不同的标准加以选择。如欧洲生态农户的标准是:能够在饲喂低蛋白饲料条件下生存、生长,能够充分利用当地农产品加以饲养而不依赖高蛋白强化饲料;抗病性强;动物行为上适应当地的生存环境;具有多用途品种和高产性能,如奶、肉兼用牛,肉蛋兼用鸡,奶、毛兼用羊等;饲养具有当地资源优势或市场需要的特殊动物品种。总之,要考虑其经济效益及环境、社会效益,以供人类及动物生存的需要。

选育和培养肥田作物是国外替代农业研究中的一项重要内容。德国霍恩海姆大学经试验得出苜蓿固氮能力最强,每亩固氮 30 kg,其次为蚕豆(每亩固氮 21 kg)、三叶草(每亩固氮 20 kg),种植多年生牧草增氮效果显著,土壤有机质含量在原有基础上每年增加 3%。

## 2.4　农业生产结构的合理布局

替代农业的一个重要方式就是农业与畜牧业的混合经营,为此,农场中的一个基本生产实践就是豆科和绿肥作物、覆盖作物(有时两者兼有)与粮食作物进行合理布局。土壤的生产能力还能通过动物粪便的施入以及作物秸秆还田而加强,通过农业与畜牧业的合理配置,实现农场生态系统的良性循环。在德国通常农田面积与牧草面积之比为 5:3。

## 2.5　生物能源的开发及农业节能技术

美国加利福尼亚州大学环境和社会学院农业生态计划中,包括设计和试验太阳能谷物干燥机与太阳能温室等,以节省农业生态系统中的矿物燃料的用量。

德国的一些生态农场则利用现代化设备将牲畜粪便等有机废弃物制成沼气,来代替石油发电的 20%。此外,他们还从菊芋科植物以及油菜、甜菜科作物等提取乙醇、甲醇,探索未来交通工具的新燃料,开发新生物能源。

德国霍恩海姆大学还从羽扇豆中提取苦味霉素,经过处理的作物不但可增产 10% ~ 30%,还可起到农药的作用,且残毒减轻。

## 2.6　推广充分发挥生物学各类作用的各项技术措施

如海藻是良好的肥料,其中硅藻 48 h 繁殖一代,是海洋生态系统的基本生产者。瑞典、挪威等北欧国家,广泛使用其浸出液作为肥料,喷施在各种作物上,以发展生产。由于蚯蚓有松土、改土、造肥和消除污染、净化环境方面的作用,美国、日本等国家大力发展蚯蚓养殖。美国现有 10 多万个蚯蚓养殖厂;日本也有 200 多家专营企业,除了用于处理污泥、加工食品及制造优质肥料外,有人甚至提出在农田放养蚯蚓,以提高作物产量。

因此,充分、合理地利用资源,稳定、持续地发展农业,不断满足人口日益增长的食物需求,同时又保护环境与农村生态平衡,就成为研究农业发展的一个带普遍意义的全球性问题。

# 3　中国发展情况

新中国成立以来,农业在千百年悠久的传统农业的基础上,已经向现代常规农业发展,即在相当广阔的地域,通过投入大量化肥、农药,运用现代农业科学技术来发展农业生产,使农业生产力水平有了很大的提高。但是随之也出现了与西方国家常规农业相似的生态经济问题。

20 世纪 70 年代,国外首先提出了替代农业,即不需要大规模投资,只强调充分利用太阳能和生物能,并采用各种先进的生物技术,吸引传统有机农业技术和经验。

这种能够利用较多的劳动力,又能够利用大自然的能源与资源的农业革命,特别适合中国人口众多、资金技术缺乏的国情,并在一定程度上避免常规农业发展中出现的生态经济问题。

中国自 20 世纪 80 年代正式提出生态农业以来,已有 30 多年。现在全国大多数省(自治区、直辖市)已广泛开展了生态农业的试点,并通过生态农业建设,多数试点单位都取得了一定的经济、生态和社会效益。而且中国发展的生态农业并不仅是对西方生态农业这一种形式的引进,而是借鉴了国外替代农业的各种形式。中国的生态农业建设绝不能简单地照抄照搬国外替代农业的做法,必须因地制宜,符合中国的国情。

# 4　展望

国外替代农业和中国生态农业的发展都取决于科学技术的进步,只有生物技术在农业中得到广泛应用,并配合更加实用和高水平的生态技术,才能使低投入的农业真正实现。那种单靠调整农村产业结构、种植业结构及增加食物链的环节等低级、简单的工作难以解决农业生态系统中的一切问题,更不能保证中国农业生产的持续、稳定发展。

科学技术是第一生产力。只有科技创新,才能引领科学发展,也才能使中国走可持续发展道路,并实现"天人合一""身土不二"和"人与自然和谐发展"。

# 第五章　巧治各种尾气,保护生态平衡

## 1　生物疗法

英国帝国学院环境生态研究所的一份研究报告表明:生长在机动车道两旁的许多植物都具有净化和利用汽车废气的特殊能力。但这些地段的植物又更容易遭到昆虫的毁灭性侵吞,使树木失去生存能力。从而揭示出,汽车废气对植物来说,并不一定构成威胁,甚至可带来好处;而车道旁植物的主要天敌仍然是昆虫。

以往,人们认为机动车道两旁的空间对植物和动物都是一种不良环境;汽车排出的废气对大多数生物来说,都是有毒有害的。但实际上,许多植物都可以吸收和利用汽车废气中的主要污染物——$NO_x$,为自己增添养料,不知不觉就起到了净化汽车废气的作用。

另外,许多以吃树叶为生的昆虫不因废气污染环境而退却,相反却异常活跃,肆无忌惮地将树叶迅速吃光。这种现象不仅发生在英国,而且还出现在世界其他地区。但处于现代社会的人们在分析此类问题时,往往只注重环境污染因素,而忽视植物常规天敌的作用。

为了弄清这种形似"螳螂捕蝉,黄雀在后"的事实真相,英国帝国学院环境生态研究所的汤普森等生态学家在代号为 $A_{433}(M)$ 和 $M_{63}$ 的公路两旁分别调查了栎银纹天社蛾和黄尾毒蛾的数量(因为这两种蛾子是多种树木叶子的主要侵害者),发现其幼虫在机动车道旁这个特定的环境里生活自如,而且繁殖很快。但在通常情况下,栎银纹天社蛾和黄尾毒蛾的数量要受到鸟类、黄蜂的侵吞和人类的控制。

为了进一步找到造成栎银纹天社蛾和黄尾毒蛾的幼虫异常繁殖、活动猖獗的真正原因,英国帝国学院环境生态研究所的生态学家们又调查和分析了机动车道附近植物体内的污染物含量,发现其含氮、铅和钠的数量较其他地方高出许多。

最后,英国帝国学院环境生态研究所的生态学家总结为:机动车道附近上空氮含量的增高,不仅促进了植物的快速生长,而且通过这种肥嫩树叶又相应增加了昆虫的营养(因为氮往往也是昆虫幼虫发育和生长的促进素),即昆虫间接地从空气污染中也得到了好处。

当人们(特别是环境保护工作者们)明白机动车道附近这种植物、昆虫与汽车排放的废气之间的特殊关联后,是会运用自然规律去保护环境的。即为了避免环境污染,应人为减少汽车废气的排放,同时可在机动车道旁大量栽种树木等植物,并积极消灭害虫。只有这样,才能达到消除污染、保护环境和维护生态平衡的根本目的。

## 2　工程净化

20 世纪 90 年代,中国人发明了臭氧 - 催化剂式汽车尾气净化器(CN1070984)。该净化器中的文丘里管与臭氧发生器的臭氧输出管连通,臭氧发生器中安装 2~10 根臭氧发生管,利用固定板将臭氧发生器和催化剂箱组合成一体并固定在汽车排气管处。净化工艺是利用臭氧氧化和催化相结合的两步净化汽车尾气的方法,首先是对汽车尾气中的有毒成分如 $CO$、$HC_x$、$Pb(C_2H_5)$ 等进行臭氧化处理;其次是对经臭氧氧化变成低浓度和低毒性的物质进行第二步催化氧化,使其完全转化成 $CO_2$、$NO_2$、水和少量低分子有机物,使汽车尾气达到排放标准。净化器结构和净化工艺简单,易于推广。

21 世纪初,在世界范围内,特别是在欧洲对环境保护要求的不断提高,传统的烟气净化工艺已无法满足日益严格的烟气排放标准。一种全新的净化烟气工艺在欧洲各国的垃圾焚烧厂、发电厂等废气处理系统中被逐渐应用,经处理后的烟气中残余含量符合和超过现行欧洲排放标准。这种烟气冷凝净化法在于通过一组冷凝洗涤器将处理的污染烟气冷却至其露点温度下进行净化。用于处理垃圾焚烧烟气工艺流程是:锅炉出口烟(约 250 ℃)首先经静电除尘器去除烟气中的粉尘,后经热回收器回收热水或加热助燃空气,再进入混合式冷凝洗涤器。烟气在其前段的微型文氏管式聚冷却器中被聚冷至其露点温度以下产生冷凝(30 ~ 40 ℃),冷凝水同时吸收各种酸性污染物(大量 HCl、部分 $SO_x$、$NO_x$)及去除重金属蒸气(如 Cd、Hg),在后段洗涤塔中,烟气直接与呈微液粒状的可溶性溶剂雾化层接触,酸性污染物、有机物及重金属等被进一步分离,为保证最佳的传质、传热速率,微粒大小是严格规定的,凝聚液通过板式热交换器冷却至保持低于烟气的露点温度。在洗涤塔上部设置有一段填料层,用碱液循环和 pH 控制进行深度脱硫,烟气最后经塔顶高效除雾器脱除微液滴再由引风机引入烟囱排出,参见图 5-1。

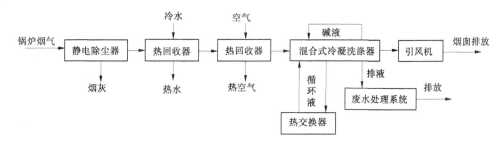

图 5-1　烟气冷凝净化系统流程

除尘收集装置的烟灰自动装入贮罐并自动装入密封袋中,由于其含有重金属,对于这些烟灰的防止飞扬和无害化处理日益受到重视,目前高度无害化处理技术有水泥固化、熔融固化处理等。混合式冷凝洗涤塔排出的酸性废液与石灰乳中和处理后排入附近污水处理厂一并处理或做进一步处理去除重金属元素后排放。

烟气处理新方法采用冷凝和吸收双重工艺,对气态污染物去除率高;分别收集烟尘和气态污染物;净化后的烟气含水量很低;操作简易,管理方便;能耗低;有毒固态副产品少;运行、维护费用低;烟气所含能量还可回收再利用。所以,它是一种很有发展前途的空气污染控制新技术。

# 3　尾气妙用

最近,英国 BOC 组织的科学家受以上研究的启示,发明了一项可将燃烧产生的尾气用来生产有用产品的新技术。该项技术获得英国的专利。该项技术是将所有排放尾气中的二氧化碳、氮气、氩气等经济、有效地加以收集,使之可再利用。因而,它也是一项有效利用能源的新技术。

在工业气体的生产中,该技术有广泛利用的价值,并可应用于化学工业。例如,与生产氢气的工厂连在一起,从燃烧产生尾气厂的尾气中提取氮气,就地用于合成氨厂少量合成氨是一种可行的方法。

此外，从合成氨厂的裂化粗汽油炉产生的尾气中回收氮的技术也是可能的。此氮气与裂化炉产生的氢气在氨反应器内成为合成的气体。从该尾气中回收的二氧化碳可与氨反应生成尿素。

此项发明可从两个方面有利于环境：其一，从尾气中提取有用的气体，而不是使其排入大气，因而可有效地利用自然资源。在许多情况下，净化的二氧化碳可用于合成化学物质，因而可减少温室气体对大气造成的危害。其二，废气的成分，例如氮氧化物、二氧化硫是造成酸雨的主要物质，采用此法可将此类有害物质变为无害，这样便于处置。

## 4　展望

数千年前的中国老子就倡导"天人合一""身土不二"和"人与自然和谐共处"，可现代人类有时总是自以为是，把自然规律给忘记了。

截至 2000 年，全世界汽车保有量为 6 亿多辆，2010 年时达到 10 亿多辆；2014 年全世界有 10 亿多城市人口的健康受到空气污染的威胁。越来越多的人呼唤每天都是"世界无车日"；同时越来越多的人每天买车、开车，为有车叫好。我们对待汽车及其尾气，不能从一个极端走向另一个极端，对待工业废气等也是如此。我们不需要雾霾，也不能"刀耕火种"。

治与防，废与用体现了环境保护两个理念，也反映了"征服自然，改造自然"与"人与自然和谐共处"的两种人生态度。

要改变汽车乃至工业的动力来源，例如采用无污染、可再生能源（水电、风电、光电、酒精等）；改善汽车和工业动力装置和燃油质量；大力开发、使用无污染机动车辆、火车、飞机、轮船、机械、设备等。

汽车尾气、工业废气的治理及再利用不仅可以保护环境，而且净化后生成的氮气对于植物来说，还是一种宝贵的肥料；回收的氮气、烟气和余热都可再利用。变废为宝也是"道法自然"。

# 第二篇　水污染治理与河道整治

## 【概述】

　　美国在水污染治理上的数十年经验和教训值得世界各国进行参考和借鉴。特别是21世纪的中国开始倡导科学发展观,探索水环境与水资源保护的发展规律,有必要深入研究美国非点源水污染问题及其对策,探寻河道整治、综合利用等资源水利思想和理念,从而揭示环境保护真谛和探索生态建设的发展趋势。

　　本篇剖析了美国在非点源水污染治理上的先进经验和废污水处理回用及水费征收技巧等成功典型范例;还对长江中游干流陆溪口河段河床演变进行了翔实的分析,并对武汉长江第一越江隧道工程动床模型试验进行了研究。

# 第六章　美国非点源水污染问题及其对策

## 1　清洁水法

美国政府在解决整个环境污染问题上采用《清洁水法》(1977 年颁布执行)的成就最大。比如美国绝大多数工矿企业和城镇市政部门依本法都已建立和实施了污水处理系统,全国一些河流、湖泊、沿海水体因生活污水和工业废水而产生的污染已经过去,溶解氧一度耗竭的水体中又出现了鱼群,在卫生部门一度封闭的某些河流、湖泊、海滩上也重新出现了游泳和其他涉水运动。鉴于《清洁水法》在污水排放标准和允许计划、污水处理工艺、污水重复利用与水资源保护、水环境综合效益、水资源综合管理、公民保护水资源义务法规教育等许多方面,比起《清洁空气法》等环境保护法规来说,能更好地付诸实施并成效显著,完全可将《清洁水法》及其衍生的规划视作一个较大的成功。

虽然《清洁水法》实施以来,大量社会资金被用于城镇污水处理设施的建设和运转等工程中,并成功地净化了伊利湖和凯霍加、波多马克等河流,但是这最多只是部分的成功。在全国大部分地区,许多水体仍然不符合有关水质标准,水污染仍是严重的问题。如沉积物、营养物、致病微生物、有毒物仍在不断地大量进入全国的水体,破坏生态系统,产生健康危害,并减少水资源的全面利用,有的甚至影响了国家经济的正常发展。这是由于即使固定污染源废污水治理水平(数量与质量)很高,但非固定污染源(简称 NPS,也称面源)如有毒的大气污染物通过降水进入一些水体(像著名的"五大湖")里,发生了新的水污染问题,从而使公众对《清洁水法》所取得的功绩又产生了疑问。现在美国有识之士和美国环境保护局已经认识到,当前以至未来美国最棘手的水污染问题仍是来自农业、林业、城市地区等的非点源污染(简称 NPSP)。

显然美国过去控制总体水污染的成果还不完全——基本上只是在城镇先处理了一些简单的污染问题,但已控制了大部分点源污染。这些点源污染包括城市排水、工业排水和其他显然有地点的排污源。政府部门通过污水排放许可证制度来管理这些设施,形成了必须有控制技术(如污水处理厂),并对这些技术处理效果进行有效监督的管理机制。如果美国想要保持过去数十年所取得的辉煌成就,就得百倍注重 NPSP 问题。

## 2　历史回顾

20 世纪 60 年代以前,美国市政与卫生工程界普遍认为河流受污染的来源不外乎生活污水和工业废水。只要建立分流制下水道系统,利用污水管网收集生活污水和工业废水至污水处理厂以大幅度去除污染物质,然后排放,就可以保持河流水质洁净。

美国水污染控制联合会会刊(JWPCF)1964 年第 7 期一篇题为"市区排水是河流污染的一个因素"的文章首先公开报道了城市雨水管网排放的雨水径流也是一个污染来源。

1970 年美国成立了国家环境保护局,并接管了水质管理业务。美国国会于 1972 年通过了《水污染控制法案》(PL-92-500),规定 1985 年的总目标是污染物零排放。其理论根据就是认为污染物都可以被城市分流制下水道系统的污水管网收集起来,而污水处理厂则可采取三级处理的技术消除全部污染物。这也说明直至 1972 年,美国最高决策部门尚未听到(或采纳)反对城市污水是唯一污染来源的呼声。

美国政府为达到“1977 年在全国大中城市全面普及正规二级污水处理厂,1985 年污染物零排放”的总目标,花费了大量人力、财力去建设污水处理设施。

1972～1980 年间,美国用于污水治理的费用约为 1 400 亿美元,全国城市污水处理率达70% ,其中二级处理以上水平占总处理量的 87% 。

2000 年,美国每年仅用于城市水污染治理的费用就达 363 亿美元(按 1980 年价格计算),约占当年国民生产总值的 1.5% 。然而,实践证明,虽然耗费了巨额投资,却并没有从根本上解决城市、流域乃至全国性水污染问题。例如美国俄亥俄河流经 8 个州,1 580 km 的干流和 19 条支流流域范围的人口有 1 300 万人,这个流域有一个水环境保护机构(ORSAN-CO),从 1951 年起就陆续建立健全了完善的水质监测网络,并进行着系统性水质监测工作;1977 年该流域点污染源已达到二级处理的控制要求;但根据其水质模型的预测,认为由于NPSP 的影响,即使对点污染源采用最好的污水处理工艺,也很难使俄亥俄河的水质有更大的提高。于是全国有不少有识之士开始怀疑 20 世纪 70 年代初期的那套“污染物零排放”理论。

其实,从美国《水污染控制法案》全面执行开始,就有一些人把注意力转移到 NPSP 问题上,如 D. H. Bowen 于 1972 年就撰文称:城市雨水径流是对污染控制的下一个挑战。又如1973 年美国地质调查局关于美国东北部雨水化学组分的报告指出:在 18 个未受污染的地点观测每年降水与降雪的化学组分,认为当地河流差不多全部的硫酸盐和氮、大部分氯化物和磷的来源都是雨水。20 世纪 70 年代中期,美国伊利诺大学、佛罗里达技术大学、弗吉尼亚大学、普度大学等高瞻远瞩,相继举行了 NPSP 问题学术交流会。

1976 年美国环境保护局水规划处负责人 M. A. Pisano 也不得不承认“仅仅控制点污染源是无法达到污染物零排放目标的”,而且他认为:NPS 对河流的污染大于点源是理所当然的。因为即使美国所有城市都普及污水二级处理,全国市区面积也只占国土面积的 3% ,况且市区也存在 NPSP 问题。据城市污水处理厂 1992 年普查,每年雨水径流带来的耗氧污染物占年总量的 40% ～80% 。当暴雨强度大时,95% 的 BOD 负荷来源于暴雨径流;市区径流带来的有毒污染物很多,如一个中等城市排铅 3 793 t、汞 2 211 t。另外,占国土面积20% 的农业耕地每年将 20 t 泥沙沉积于河流、湖泊,其中包括有毒农药(164 万 t)的一部分。而家畜家禽废物有 18 亿 t,约相当于人类废物的 10 倍。每年约有 5 万 km$^2$ 的商品木材被砍伐,带来总沉积物的 10% ;每年消耗商品肥料有 370 万 t。估计农用氮的 15% 流失到水体;NPS排放的磷估计每年有 73 万 t。地面开采的矿区已有 1.2 万 km$^2$ ,除水土流失外,每天排放酸性污水 100 万 t。综上所述,在美国水体出现超标的情况下,15% 是单独由于非点源作用,35% 是由于点源与非点源的联合作用。20 世纪 80 年代初,美国环境保护局正式将 NPSP 问题列入环境保护科研计划。

# 3　现状评价

据长期调查研究,美国许多湖泊、江河和地下水的水质之所以始终达不到规定的质量标准,一个很重要的原因就是 NPSP 超标。NPSP 在美国现在几乎占总污染量的 2/3,而农业生产活动是最大的非点源。

1990年,美国华盛顿市的一家研究机构"未来的资源"估计:农业活动占非点源的68% ~83%。在暴雨时,它将大量的沉积物带到江河、湖泊中,也把农药和化肥带入地表水和地下水,这些被带入江河、湖泊的沉积物也往往是污染物的最大分担者。其中,氮占79%,磷占74%,耗氧物质占41%。

美国的常规农业(亦称化学农业)对人类健康的影响、对生态环境的破坏、对地下水污染及资源的浪费等造成的损失,每年高达700亿~1 000亿美元。农业确实成了名副其实的最大非点源。正如美国农业部科学和教育副助理秘书Harry Mussman所说,"我们从未预计到由此而付出的代价"即"环境代价"。"公众所需要的农业不仅仅是产量和利润,还需保护资源、保护环境和增进公众的健康和安全"。他进一步指出,为了保护农业未来的生产力,"我们别无选择,只有保护农业所依赖的自然资源和环境"。美国农业部负责低投入农业计划的保罗·奥康奈尔也指出:"我们正在重新看待我们的耕作方式。"

然而,NPSP不同于点源污染,无论是其来源,还是其进入地下、地表水体的方式都是相当分散的。这归因于在广阔地理区域内有各种各样的人类活动。与从固定点进入环境并以平稳连续排放的点源污染物不同,NPS污染物通常是突然排入地表、地下水体的,而且量常常很大,一般与降水、暴雨、融雪有关。下面具体列出一些最为典型的NPS(根据美国环境保护局1991年出版的《全国水质调查》资料列排)。

## 3.1　农业

农业活动中NPS污染往往影响到50% ~70%受污染或威胁的地表水体。污染物包括:来自农田侵蚀和过度放牧的沉积物;圈养动物设施排放的动物废料,含有会引起贝床封闭、鱼类死亡的营养物和细菌;毒害水生生物和人类的农药等。

## 3.2　城市径流

街道、工商点、停车场这类城市设施地面径流中含有的污染物可影响5% ~15%的地表水体。城市径流中含有路面洗刷下的盐类和油类残留物,也含有许多营养物和有毒物;温度升高会导致"热污染",引起附近河流、湖泊、水库水温超常等。

美国国会认为从城市分散的暴雨下水道(服务人口≥10万人)排出的城市径流以及与工业活动有关的暴雨排水是点污染源,可根据国家污染物排放消除系统制定的许可证制度进行管理。

## 3.3　水利改造

水库、水坝建造,河流改道,防洪等工程建设项目必然引起水流形式的变化。当这种变化出现时,常常会增加沉积物的沉积;这些工程改变了生态环境,会对水生生物产生不利影响。据估计美国有5% ~15%的地表水体受到水利改造的影响。

## 3.4　废弃矿山及以前一些资源利用工程

大约有10%的地表水体受到废弃矿山酸性污水排放、尾矿和矿山废物堆以及不合理油封、气井污染的不利影响。美国环境保护局规定开采中的矿山为点污染源。

## 3.5　植树造林

商业性伐木及其他森林开发的污染已影响到5%的地表水体。滥伐森林造成的土壤侵蚀,特别是受侵蚀的运木路面碎屑,产生大量沉积物,最终会进入河湖。

## 3.6　工程建设

新建筑物和一些主要的土地开发项目(包括公路建设)产生的沉积物和有毒物,估计可破坏全国5%的地表水体。尽管开发建设活动的污染物负荷一般是局部性的,而且持续时间不长,但产生的沉积物浓度可能比农田沉积物大10~20倍。美国国会将妨碍区5英亩(1英亩 = 4 406.86 m²)以上的建设活动定为点污染源。

## 3.7　土地处置

废物工地处置常会影响到全国1%~5%的地表水体——主要是化粪池的滤沥液和污泥的扩散。

## 3.8　酸雨污染

酸雨污染在美国也已成为保护生态环境的一个重要问题。美国是燃用化石燃料最多的国家,每年排放的 NO₂ 达 2 000 万 t,硫氧化物达到 2 900 万 t。这些有害物质超过了所有西欧国家和加拿大向大气中排放飞灰的总量。酸雨问题已成为国际经济和政治中的亟待解决的问题,并已成为美国和加拿大双边关系的一个难题,尤其是美国"五大湖"地区工业污染造成的酸雨,对美国和加拿大的森林和野生生物产生了严重的破坏性危害。其实,非点源污染的总效应常常不能仅以水污染来衡量。如表土因侵蚀的流失对农业生产带来不利影响,并破坏了土地结构、道路和沟渠;沉积物会破坏鱼类和其他野生生物繁衍地;沉积物增加意味着疏浚港湾和处理废水的费用增加;河床增高导致更大的洪水泛滥;湖泊水库淤积比预期更迅速。

美国农业土壤侵蚀的主要形式是水力侵蚀,据统计每年大约有40亿t表土随水流入河流,其中将近一半发生在农作物地上,其次发生在牧场上。美国土壤侵蚀的原因主要是农场主为了追求高额利润,大量使用廉价的化肥而放弃了传统的轮作,包括弃种固氮的豆类而转向种植玉米。

美国主要农业区有84%的农场每年平均每英亩作物地流失5 t表土,其中25%在20 t以上。据 Crosson(1983)估计,美国每年由于土壤流失造成的经济损失总共达 17亿~18亿美元,美国农民因水土流失造成的经济损失超过12亿美元,这些还不包括生物性影响。

为了治理水土流失,美国联邦政府已花费了 150 亿美元。据 Colacicco 等估计,20 世纪80 年代初期每年用于保护土壤的投资就达 10 亿美元。

大量使用农药和化肥是美国现代农业的一个主要特征。美国的农药生产量和使用量均占世界第一位,全世界有 1/3~1/2 的化学杀虫剂用在美国。美国因防治农业害虫使用的杀虫剂量高达 33 万 t。由于大量使用农药,地下水受到严重污染。据报道,1984 年 18 个州的地下水中测出 12 种农药;1986 年 23 个州的地下水中测出 17 种农药。因为从水井中发现了

57 种农药的混合污染,佛罗里达州封闭了 1 000 多眼饮用水井,加利福尼亚州封闭了1 500 眼饮用水井。

# 4　控制策略

美国的《清洁水法》在控制全国点源污染方面相当有效,但是环境保护专家和国会后来都承认,这个可作为里程碑式的环境保护法规并不适用于 NPSP 管理。为此,1987 年美国国会通过了《清洁水法修正案》,要求美国政府重点制订控制 NPSP 计划,并批准国家每年投资 5 000 万美元用于控制美国本土非点源径流污染。

根据《清洁水法修正案》,美国 50 个州都在国家环境保护局的政策指导与技术支持下,完成了本州内 NPSP 污染性质和程度的调查及评价报告。根据这些评价,各州都采用了适合本州 NPSP 具体问题的管理方案。美国环境保护局则拨出 NPSP 控制专款来进行财政资助。

然而,NPSP 控制是一个完全不同于点源污染控制的大问题,而且在许多方面,NPSP 控制较点源污染控制更困难,要求有不同的控制策略。

点源控制运用"自上而下"控制的、传统的管理方法。联邦政府和州政府"在上"确定工业界和市政府部门必须达到的环境要求。环境保护部门"向下"监督市政府工业部门污染控制的实施情况,以确保达到环境保护要求。按照这种方法,美国环境保护局对各工厂及污水处理设施的各种污染物排放规定了全国范围内可接受的排放限度。州机构再通过对点源排放者发放许可证来实施排污限制。承担这些"自上而下"的管理规定的责任一般局限于相当少的个人——主要是工业管理人员和市政官员,不要求公众日常的积极支持和参与。

相反,NPSP 不可能通过对各个管道或排水口发放许可证来管理,根本不可能签发每一百英亩或每一停车场的许可证。而且,NPSP 是土地利用的直接结果,削减 NPSP 的策略必须服从于土地利用规划和区划的政治敏感问题。

美国国会认识到强硬政策在《清洁水法修正案》实施过程中的巨大作用。但因议会不具有行政管辖权等,其通过的法案往往与美国环境保护局的政策相冲突,实施起来也受到国家各级环境保护机构的制约。

另外,如果没有新型系统管理机构以及统一计划、各地农场主和大量监测信息等的帮助,农业非点源等污染就不可能被有效控制。但在许多方面,各地农业部门和土地管理机构又受到全国农业甚至世界许多产生体系的调控。因此,必须建立起对农业进行广泛行政管理的扩展行政部,并依靠广大公众和个人管理农场径流技术和监测信息,那样的话,像水土流失等非点源污染将会大幅度减少。

根据美国联邦体制,土地利用管理传统上一直是地方政府的特权。国会一直不愿意制定对 NPSP 实行"自上而下"控制的联邦管理规划。但是,非点源管理显然是可行的。

新的沿海地区非点源控制法规——1990 年沿海地区管理法复议修正案第 6217 款要求各州制订控制沿海区非点源计划,提出保证控制非点源计划实施的具体政策和措施。因此,美国国会虽然还不能对 NPSP 管理实施"自上而下"的方针,但显然可要求各州加强对非点源控制的管理措施。

对于治理最大的非点源——农业污染源,美国于 1985 年颁布并实施了《农场法案》,其目的是制止水土流失,保护湿地、草场和减少过剩的商品生产。《农场法案》详细制订了保护后备资源的计划,即鼓励将遭到高度侵蚀的耕地改变成草地或林地,也惩罚那些对经营土地不负责任的农场主,不让他们获得各种农业计划的好处。

1985 年的《农场法案》,从根本上讲,是治理非点源的首次重大措施,并取得了明显的成绩,如《农场法案》实施不到 3 年,就有 2 300 万英亩土地退耕并受到保护,这个数字相当于至 1990 年的退耕计划的一半;且初步估计,退耕的 2 300 万英亩耕地每年可减少水土流失 4.67 亿 t,这相当于美国土壤侵蚀总数的 16%,每年还可节约资金 33 亿美元。在世界主要产粮国家中,美国是唯一系统地、有效地减少土壤侵蚀的国家。

为此,美国于 1990 年又颁布、执行了新一期《农场法案》。其在 1985 年的农场法案的基础上,着重对水土流失和湿地土壤保护政策进行修订。其目标是:①对易侵蚀的土地,通过减少休闲地的年度计划替代长期规划;②通过美国农业部的平衡作用(商业信贷库存)鼓励对合适的土地进行管理(对被破坏的草地和沼泽地采取保护措施)。

然而,美国每年用在农业等方面的农药、化肥等化学品的途径和数量都仍在不断增加,而降水所造成的径流则将许多有毒有害物质挟带进水体,造成更多更重的水污染问题。况且,农业部门还未尝试去控制诸如非开垦地区(荒原)的 NPSP 问题。荒野地区的 NPSP 问题还需尽早进行科学研究,提出保护水质的措施,当前这方面的意向和工作都很欠缺。

现在,最现实的控制 NPSP 的方针是美国国会对农业部门的宏观领导。因为以往农业部门也曾一直倡导对 NPS 统一管理,但均因各自为政而收效甚微。如果美国国会通过有关带有全局性、战略性的议案,以求全面、综合管理水土资源,严重的 NPSP 问题则将发生巨大的改观。

NPSP 控制策略一般都出自两个基本原理,都涉及土地利用措施:

(1)可采取措施来提高土地涵养水的能力,以便减少进入河流、湖泊的径流。通常的方法是保持最大程度地覆盖耕地及其他土地,并利用天然沟渠和羊水沟,而不是铺砌沟渠或下水道来传输暴雨径流,使土壤可对一些载污水体进行吸附;植草或其他一些根部结构可凝固表土的植被,防止土壤侵蚀。同样,植物组织可涵养水源。

(2)可最大程度地减少径流中污染物的种类和含量。如鼓励居民适当回收废油——使废油不进入暴雨管道;合理使用农药和肥料,可减少农场径流中的化学物质。

应用这两个基本原则已设计出许多符合不同类 NPSP 具体要求的 NPSP 控制策略。

如农户会保留陡坡地或河床和湖岸附近的土地作为永久牧场或林地;他们也会用"减少耕种系统"进行作物栽培——此技术可大大减少耕作或土壤干扰,并使草原或作物的残留物能够持留土壤肥力。梯田、等高开田、禾草水路的建设是其他降低径流流速和流量、减少土壤侵蚀的方法。

用"最短时间、最少干扰暴露地表土壤"方式可最大程度减少建筑区的径流。如一次只平整建筑区的一部分,在暴露土周围搭上帆布或塑料外围,或在植被不能覆盖前放置护根的覆盖层持留土壤均可截留沉积物。根据地形,有时还需建造一些临时引水渠、沟或其他建筑来引流暴露的地表土壤周围的水。

成功地控制 NPSP 无疑要求找到较好的技术方案来管理暴雨径流,最大程度地减少污染物向河流、湖泊、地下水的迁移。在某些情况下,联邦机构对土地利用直接有关的政策无意中会涉及 NPS 问题,必须用变化的观点对此进行严格审查。这些政策和规划包括美国农业部对农产品价格和收入资助进行的规划,以及对全国森林伐木的管理政策。

美国已有 2/3 以上的耕地被列入"美国农业部农产品价格和收入资助规划"之中。根据反映前 5 年平均产量的"英亩产基线"公式，农户可得到价格补助。接受价格补助的农户不可在同一土地上替种其他的作物，除非他已确立了替代种和轮作物的"英亩产基线"。这种对轮作的人为阻碍和对土地休闲的惩罚（土地休闲一年会降低 5 年平均产量）一直在鼓励农户更多地依赖农用化学物（如合成肥料和农药）来克服持续单一作物栽培的不利影响。同样，对美国农业部森林管理部门的评价强调，美国农业部的木材开采政策一味鼓励生产，对环境影响则未进行充分考虑。

美国环境保护局还采取措施以控制沿海水体的 NPSP，保护沿海水体更是一个敏感的问题。因为公众已普遍认识到污染对人体健康的危害以及对海滨浴场、商业性渔业及贝类生态环境的破坏。正像《清洁水法修正案》主要注重于总体控制 NPSP 一样，沿海地区管理法修正案也特别注重于沿海地区 NPSP 的控制。

其实，控制流域性 NPSP 是比较困难的，因为它受有关法规和地方政策不统一性的限制，不能建立或实施控制 NPSP 的流域性乃至全国性水质标准。不过，基础产业部门（如 HUD 和运输）如果有一条强硬管理政策去抑制流域径流量，则会在运输工程这方面为减少水土流失量提供许多途径。

据权威科学顾问委员会（SAB）报告，减少非点源危险物，建议考虑环境综合整治和制定全国性统一管理政策。如能源与环境政策可转变成全国性甚至国际性统一准则。然而，在水质与运输、流域与农业之间的政策还很软弱和不协调。

除非能迅速找到全面根治 NPSP 问题的良策，否则其将作为美国控制水环境污染最大的遗留问题而被搁浅。

# 5　发展趋势

## 5.1　美国环境保护局顾问委员会的动议

1990 年美国环境保护局（EPA）的 SAB 向其局长 William Peilly 提交了一份题为"减少危险：确定环境保护重点和战略"的报告，报告中提出 10 项战略建议，其中直接或间接同控制 NPSP 与保护农业生态环境有关的内容有以下三项：

（1）由于具有生产力的自然生态系统对于人类健康和持续的经济增长都是根本的保证，对于这个生态系统就其本质而言，具有内在的价值，因此 SAB 建议 EPA 应像保护人类健康那样加强生态环境保护。

（2）把预防污染作为减少污染危害的优选方法。SAB 认为 EPA 应鼓励在污染产生之前就采取预防性措施，以减少污染物质的转移。这就是其后叙述的"污染源头控制政策"。

（3）开发估价自然资源的更好方法是在经济分析中把长期的环境效益考虑进去。

## 5.2　EPA 的污染预防政策

EPA 把控制 NPSP 看作是控制水污染的"未完成的事业"。

在过去的几十年中，EPA 一直致力于在污染物产生之后，再采取治理的政策。总结以往，展望未来，EPA 意识到：如果仍然采取排放口控制政策未必是解决污染问题的上策。1990 年，EPA 颁布了污染预防政策，强调减少废物量和回收政策，以使有可能进入环境的有毒有害物质的数量减少至最小,即对污染进行源头控制的政策。其主要组成部分之一是关于控制工业毒物计划,要求企业在生产过程中削减 17 种 EPA 确定的、对环境危害程度最大的化学物质(苯、铅、镉等),要求到 1992 年底将这些物质削减 33% ,1995 年底削减 50% 。1995 年,EPA 还制定 108 种污染物的控制标准,并与各州一起实施这些标准。

1991 年 EPA 向各州拨款 4 000 万美元,以帮助其控制 NPSP。控制 NPSP,尤其是对农业 NPSP 提供指南与帮助,是 EPA 今后的重点工作之一。

## 5.3　农业部门的战略

### 5.3.1　水质规划

EPA 前副局长 Alvin L. Alm 指出:"迄今为止,农业是最大的非点源。"

美国农业部的 5 年水质保护计划也根据 1987 年《清洁水法修正案》关于管理非点源的条款,要求协助州一级水质管理部门和水土保持部门制定和实施非点源管理规划,确定地下水污染的程度和严重性,深入了解控制农药和化肥沥滤的途径,从而提出解决的方法或措施。

布什总统于 1990 年提出了"水质行动计划",该计划规定了防止农业化学品等潜在污染地表水和地下水的强有力措施。美国农业部根据"水质行动计划"的要求,提出了保护水质的 5 年计划,其内容是实施 24 项水质示范项目和 75 项 NPSP 水文项目,目的是通过实施这些项目表明改进管理能够减轻水质恶化状况,特别是使那些由于农业活动导致恶化的水质得到改善。

美国农业部最近还制定了保护地下水的特殊政策,其要点是:查找农药在地下水中移动的相关因子,研究用于迅速准确预防导致地下水污染的计算机模型。为实施上述要点,目前以至未来研究的重点是:研究害虫综合防治技术;改善杀虫剂的使用技术;研究消除杀虫剂污染的新方法,以及改善计算机模型等。

此外,美国正开发利用生物农药防治农作物害虫技术。实践表明,生物农药防治烟草蚜虫和棉铃虫杀灭率高达 88% ~ 95% 。该技术如果证明确实普遍有效,将对减轻 NPSP、保护地表水和地下水水质起到重大作用。

### 5.3.2　推行替代农业

出于保护水、土资源和消除化学农业所产生的 NPSP 等原因,一些农场主已自觉选择或不自觉接受了先进的替代农业生产方式,而且实践表明这是一种经济上可行、对环境无损害的农业。由于不施用化肥、杀虫剂、除草剂和抗菌素,所以不会损害人体健康和污染土地。其成功的秘诀在于低成本、低债务、规模小和多种经营。

然而,在美国的 217 万农工中仅有不到 10 万人主张采用替代农业。因此,美国农业部将在全国广泛实行替代农业,这实际上是美国农业界的一场革命。为了全面、有效地实现这场变革,美国农业部已拨款 7 400 万美元研究替代农业,包括害虫的生物防治和害虫综合防治措施、抗害虫的多样化作物品种优选、土壤侵蚀的预测和预防、加强营养物管理以防止水污染和减少对化肥的依赖。与此同时,州的合作研究机构也将投入 7 600 万美元开展对替代农业的研究,包括用不同作物进行组合试验。此外,还通过低投入计划向农民传授有关低投入农业知识。所有这些计划或研究的目的都是试图通过改变耕作措施,减少使用化肥和农药,从而达到减少非点源的排入、改善农业生态环境和地下水质的目的。

## 5.4　治理农业污染的策略

（1）需要制定一些合理的标准去判断什么样的土地会对地下水和地表水产生影响，以便有针对性地确定水土保持保留地。

（2）要注意把草地开垦保护、湿地开垦保护与水土保持应遵循的条款等看作一个整体，如此，才能加强政策的总体作用。

（3）退耕土地面积不可太少，否则解决不了水质保护问题。

（4）对农用化学物质的管理还应改进。

（5）最为重要的是要使这些计划与点源污染控制计划和地下水保护计划结合起来。

## 5.5　新的防止污染政策

20世纪末，美国EPA提出的一项新的防止污染政策中，强调减少废物量和回收政策以便将进入环境的有害废弃物数量和毒性减少至最小。为了监督实施这项政策，EPA设立了防治污染办公室，制定了有关战略，并声称以往的有些规划虽然改善了环境质量，但由于其只强调对污染物产生后的管理，因此作用有限。通过执行减少排放量和资源回收再利用来减少以至消灭向环境排放废弃物，环境质量将能够得到根本改善。

强调废弃物排放管理只是治表，而强调减少废弃物排放和废物回收再利用则涉及问题之根本，是治本。因此，后者将是治理污染的发展方向。

## 5.6　国际合作战略

美国、加拿大两国为了保护乃至保存五大湖，在20世纪初就根据两国签订的《国界水域条约》，成立了国际联合委员会。该委员会于1912年就将五大湖的水质列为重大问题。1919年该委员会又提出签订一项关于控制五大湖污染的新条约的建议。20世纪40年代，基于所做的各种调查研究，国际联合委员会对五大湖的水质目标、水质监测和水质管理等提出了更多、更全面、更深入的意见和方案。

五大湖富营养化引起了公众的关注，在1964年对五大湖非点源污染进行了第一次研究。该次研究着重于来自流域内土地利用的污染负荷，确认磷为主要污染物。于是，国际联合委员会在1972年签订了《五大湖水质协议》。国际联合委员会另一创造性的合作行动是根据美国陆军工程师团关于伊利湖废水管理研究的报告（主要研究对象是来自农业土地的非点源污染物），在1978年对《五大湖水质协议》做了部分修改，并在1983年明确了减少水体中磷含量的目标。1985年，沿五大湖的美国、加拿大两国的州（省）政府又签订了《关于五大湖有毒物质控制协议》，以有效减缓五大湖的水质污染，明确开发水环境与公共卫生的重点工程项目优先于经济重点工程项目。如美国、加拿大两国在20世纪80年代以来就五大湖的水资源管理进行大规模的有效合作，其中包括美国一项关于从五大湖向缺水地区调水的计划。

进入21世纪，美国、加拿大两国的这种为保护五大湖的合作仍在继续，如美国、加拿大两国政府每年都进行双边会谈，以求在原有良好协作的基础上，进一步完善有关五大湖的水质协议；在确保水资源的同时，重视对持久性毒物的控制与管理。总之，国际联合委员会自成立以来，从未推卸过把五大湖作为有价值的水资源来保护的职责，所以美国、加拿大两国能够共同为减少排入湖中的污染物而努力。

# 6　展望

在过去的近百年里,人们对点污染源的控制已取得了很多经验。然而,对非点源的认识才10多年。控制非点源水污染并非易事,也不可能迅速完成,当然花费也较大。但是逃避而不解决这个问题或任污染继续恶化的代价却是与日俱增的,这是以全体人民的健康和不可恢复的水资源的恶化为代价的。为了探索经济而有效的非点源水污染控制措施,中国也应广泛开展或加强控制非点源水污染的科学调查研究工作。

当工业污染(点源污染)经过治理取得明显成效时,NPSP对环境和人类健康的影响将更为突出。农业是最大的非点污染源。农业为人类提供了衣、食等方面所需的一切,同时由于在农业活动中过多或不合理使用农药和化肥以及其他种种因素,农业也对环境和人类健康产生了不利影响。这种影响美国有,其他国家同样有,只是程度不同而已。

中国是农业大国,生产力水平很低,但农业活动所造成的环境危害并不轻且日趋加重,因此美国对非点源水污染所采取的治理措施,对我们无疑有很好的参考和借鉴作用。从另一方面也说明,中国近几年来大力推广的生态农业,确实是既有现实意义,又有深远影响。

总之,我们不仅要防止工业三废(废水、废气、废渣)对农业生态环境等的破坏,而且应注意农业自身对生态环境的影响,这种影响有可能成为农业环境保护工作的重点,对此我们确实应该认真对待,及早防范。

# 第七章　美国废污水处理回用及水费征收技巧

　　美国在 20 世纪末遭受到 50 年来最严重的旱灾,这使得水资源的保护,包括废污水的处理回用问题被提到极为重要的位置。

　　由于美国工农业生产发达,人民生活水平极高,很多生产废水和生活污水中富含常规污水处理法难降解的烃类、卤素化合物、芳香物、磷、氮、重金属等污染物,因此美国从 20 世纪 70 年代开始就重视细菌质粒与环境污染物的降解研究。研究发现降解性质粒不仅是细菌中许多新的降解功能进化的基因库及降解基因的载体,而且通过转移和重组,可使细菌获得新的降解功能,并可对其加以合理利用,这对于利用降解性质粒来构建有效、稳定和安全的工程菌以及利用这些工程菌来处理环境污染物具有重要意义。

　　美国已经研制出了许多种有效处理污染物的菌株,并通过基因重组使其含有特殊功能后,用来处理难降解的污染物。如同时降解石油中大多数烃类物质的"超级细菌";将能降解多氯联苯的假单胞杆菌基因克隆到大肠杆菌和假单胞菌菌株中,就能降解卤素化合物。用基因工程新技术把纤维素基因进行克隆,使一个细胞内具有大量的基因,并使之有效地表达,产生过量纤维素酶,就能高效处理造纸废水了。基因工程还能改造假单胞杆菌、大肠杆菌、黄色葡萄球菌等,用来有效处理难降解的芳香物、磷、氮、重金属等。

　　将基因工程应用于生化处理有机废水时,可缩短处理时间,提高 BOD 去除率,减少污泥量,促进有害物质的分解(二噁英、芳香族卤化化合物、有机金属化合物等),同时还可促进磷的去除,防止污泥膨胀,并可在低污泥龄的条件下进行消化过程。

　　按照美国联邦和各州对废污水进行二级和更高级处理的要求,净化后的回收水被列入双套供水系统,用于厕所的冲洗、工业和商业设施的冷却用水以及地下水的人工补给。

　　美国制造工业 1978 年的需水量为 490 亿 $m^3$,水的重复使用率为 3.42 次/$m^3$(相当于减少 1 200 亿 $m^3$ 的需水量);1985 年达到 8.63 次/$m^3$,2000 年达到 17.08 次/$m^3$。因此,2000 年时美国制造工业的需水量不但不增加,反而比 1978 年减少了 45%。

　　1985 年,亚利桑那大学设计并改进了双套供水系统,该系统除可用来自厨房、洗衣间、洗澡间的生活污水外,还可利用雨水。这种水用来冲洗厕所和浇灌园艺作物。1 年之后,这种水代替了 25% 的厕所冲洗水。冲洗厕所后的水排至下水道。

　　一般说来,城市工业用水量约占城市总用水量的 80%,而工业用水中水质要求不高的冷却水量等又占工业用水量的 80%。据调查,美国约有 400 个城市实现了污水处理再利用,回用于工业的水量每年可达 3 亿 $m^3$。如马里兰州的伯利恒炼钢厂每日使用约 50 万 $m^3$ 的二级处理出水,用作工艺和冷却用水,已经使用了 20 多年。

　　另外,回收水中还含有营养物质,可用于灌溉农田、浇灌园艺作物和绿化带等。如加利福尼亚州每年利用净化后的 2.7 亿 $m^3$(相当于 100 万人口一年的用水量)污水来灌溉农田和花木。

　　洛杉矶西部的拉斯弗杰涅斯市从 20 世纪 70 年代起就使用双套供水系统,按计划,这一系统最终使 200 个独立的灌溉系统都改用回收水,每年的用量达到 333 万 m³,相当于总污水量的 50% 和年需水量的 20% 。

　　在加利福尼亚州的蒙特雷,对利用回收水的安全性进行了 10 年的研究,并得出结论,用氯气处理过的二级处理污水,作为各种食用作物的灌溉用水,对人体无害。

　　加利福尼亚州奥林奇县的 21 世纪水厂是世界上最大的水再生系统,从 1980 年起,每天回收废水 5.68 万 m³,已用作地下水的补充水源和用来防止海水入侵。对回灌的水则进行高 pH 值石灰絮凝、气提、再碳酸化、多介质过滤、粒状活性炭、反渗、加氯消毒等处理,以免注水井堵塞和含水层受污染。

　　得克萨斯州埃文帕索的弗雷德赫维回收水站,在 1986 年把 600 多万 m³ 达到饮用水标准的回收水引入地下水库储存备用。

　　有些科学家预言,21 世纪将是地下水库的世纪。据统计,美国每年人工补给地下水量占每年总抽用水量的 30% ;西部几个州达到 45% 。双套供水系统正在成功地运行着,据专家预测,在拥有 500 万~1 000 万人口的地区回收水的用量将能够达到总耗水量的 10% ~ 25% 。

　　水资源对于任何国家的经济可持续发展以及人们的现代化生活质量越来越重要。而保护水资源的重点在于节约用水。对于如何节约居民用水,美国采取了许多措施。运用价格的杠杆作用来达到节水的目的就是一个最常用的措施。

　　美国各地居民的水费单显示出不同的收费标准和不同的收费类别等。比如一些地区的居民水费单上只列有水费一项,而没有污水费。这是因为当地居民的生活污水并没有进入当地政府的污水管道通向污水处理厂,而是流入了化粪池,通过自然净化处理。对这种处理形式就不会有任何处理费。

　　在美国南方的亚特兰大北郊,当地居民每月的水费单上列出的是水费、污水费和水务服务费的总和。水务服务费是一种固定的不受任何用水量影响的收费,每月居民要交 7.30 美元的水务服务费。水量的单位以 1 000 gal(约 3.9 t)来计算,收费标准是 0.91 美元/t。

　　而在美国加利福尼亚州的圣迭戈市,居民的水费计算较复杂。居民水费每两个月收一次,水费单上不仅有水费和污水费,而且还有雨水费。用水单位也变为以 2.83 m³(约 2.8 t)来计算,收费标准是 1.27 美元(约合 0.45 美元/t)。但是这个价格的标准是规定用水户在两个月中的用水量在 39.62 m³ 内(约 39 t)。当用水户的用水超过了这个基本用水量后,超出的部分就要按超量水价收费,即每 2.83 m³ 要收 1.62 美元。适用于第二价格的用水量也是 39.62 m³。如果用水户的用水量超过了 79.24 m³(约 79 t),超出的部分就要用第三价格来收费,即每 2.83 m³ 收费标准是 1.79 美元。这种递增式水价是要用水户明白自己用水时必须考虑到可能由于浪费而需要付出的经济代价,并因此达到节约用水的最终目的。对于污水部分,圣迭戈市并没有采用递增式的计价方法。

　　制定污水收费标准往往比水费要复杂得多。比如一些城市居民的污水量的多少是需要通过冬季(通常为 12 月到翌年 3 月)对用水户的用水量的测定来决定的。原因是考虑在冬季时居民用水的绝大部分是流进了污水管网并最终进入了污水处理厂。因此,这时的污水量估算会更准确。而有些城市则不分季节,一律用 90% 的用水量对用水户产生的污水量进行估算。还有就是简单地按用水量的多少来计算污水量。

　　另外,美国很多城市还制定了不同季节的收费标准。如居民夏季用水会高于冬季20%左右。因此,对于同一用水量,夏季提高收费标准后会使用水户能够认真考虑如何更加节约用水。一项在美国亚利桑那州为期3年的研究表明,通过在不同季节调节水价可以使该州一个中等城市的居民用水在3年内平均每天节约用水约223万gal(约合每天节水84万t)。

# 第八章　长江中游干流陆溪口江段
# 河床演变分析

## 1　河道概况

　　长江陆溪口江段位于长江中游螺山至潘家湾江段内,上承长江新堤(界牌)江段,下迄长江嘉鱼江段,上起赤壁山,下至石矶头,全长约22.4 km,为典型的鹅头形分汊河道,如图8-1所示。

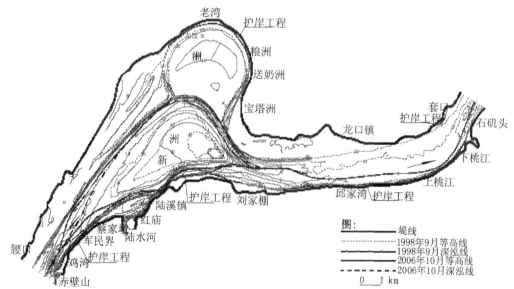

**图8-1　长江陆溪口江段近期河势示意图**

　　其中,陆溪口水道上起赤壁山,下至刘家棚,全长约10 km,由进口段、中间放宽段及出口段三部分组成,其进口段河道微弯,枯水河槽宽仅1.0 km(赤壁山矶头处)。自军民界起,河槽开始扩宽,至鹅头顶部河宽达6.5 km,形成了新洲和中洲两个江心洲滩,到蔡家墩附近开始分汊,新洲、中洲将河道分为圆港、中港和直港(左、中、右)三个汊道,中汊上段流向东北,到左汊入口处,水流逐渐转向东偏南,于刘家棚附近与右汊汇合,河宽收缩至1.3 km。左汊从中汊向北偏西30°,与来水几乎呈直角分出,然后水流逐渐右转,绕中洲大半圈后(约10.5 km),在其进口下游2.9 km附近,以南偏西约25°方向又汇入中汊,其进口处水流流向改变较大,达240°;左汊和中汊之间即为中洲。右汊靠右岸,流向较顺直,以北偏东70°走向,纳支流陆水(红庙河)后,经陆溪镇至刘家棚与中汊汇合,中、右汊汇合后进入单一微弯河段向东流向下游。

# 2　水文、泥沙特征

长江陆溪口江段上承长江荆江江段和洞庭湖来水,1953 年在上游约 39 km 处设有螺山水文站,区间只有长江支流陆水河在右汊中上部汇入,陆水河最大流量 981 m³/s,最小流量仅 4.81 m³/s,因此采用长江螺山水文站的水文泥沙资料作为长江陆溪口江段分析的依据。据长江螺山水文站 1954~2006 年 50 多年系列统计分析(参见表 8-1、表 8-2),长江陆溪口江段的水沙具有以下特点。

表 8-1　水文泥沙特征值

| 水文测站 | 项目 | 多年平均值 | 历年最大 | | 历年最小 | | 统计年份 |
|---|---|---|---|---|---|---|---|
| | | | 数值 | 日期 | 数值 | 日期 | |
| 螺山 | 水位(m) | 23.67 | 34.95 | 1998 年 8 月 20 日 | 15.56 | 1960 年 2 月 16 日 | 1954~2006 |
| | 流量(m³/s) | 20 350 | 78 800 | 1954 年 8 月 7 日 | 4 060 | 1963 年 2 月 5 日 | 1954~2006 |
| | 输沙量(亿 t) | 3.89 | 6.15 | 1981 年 | 0.58 | 2006 年 | 1954~2006 |

表 8-2　长江螺山水文站平均年径流量、输沙量

| 年份 | 平均年径流量(亿 m³) | 平均年输沙量(亿 t) |
|---|---|---|
| 1956~1966 | 6 286 | 4.14 |
| 1967~1972 | 6 312 | 4.31 |
| 1973~1980 | 6 343 | 4.62 |
| 1981~1998 | 6 487 | 4.09 |
| 1999~2002 | 6 671 | 2.97 |
| 2003~2006 | 5 857 | 1.19 |

## 2.1　水位

长江陆溪口江段最高水位一般出现在每年的 7~9 月,最低水位一般出现在每年的 1~3 月。螺山水文站实测年平均水位 1980 年以前无明显抬高趋势,其后随着河道淤积水位逐年增高,1980~2006 年螺山水位基本在多年水位平均值之上。20 世纪 90 年代发生过 4 次大洪水(1995 年、1996 年、1998 年、1999 年),有 3 次突破 1954 年历史最高水位,螺山水文站最高水位 1996 年(32.12 m)、1998 年(32.92 m)、1999 年(32.52 m)分别比 1954 年(31.12 m)提高了 1.0 m、1.8 m、1.4 m。

## 2.2　流量

长江陆溪口江段多年平均流量为 20 350 m³/s,相应径流量为 6 416 亿 m³,最大流量 78 800 m³/s,最小流量 4 060 m³/s。其中以 1954 年径流量 8 956 亿 m³ 为最大,2006 年径流量 4 647 亿 m³ 为最小。连续大于均值的丰水年一般不超过 3 年,连续小于均值的枯水年可达 6 年。径流年内变化与降水量年内变化基本一致,径流年内分配较集中,汛期为每年的 5~10

月,径流量占年径流总量的74.2%,月径流最大值出现在每年的7月,占年径流总量的16.3%;最枯水期为每年的12月至次年2月,径流量仅占年径流总量的9.46%。

## 2.3　泥沙

长江陆溪口江段泥沙主要来源于长江干流和洞庭湖出流挟带的泥沙,根据1954~2006年悬移质泥沙资料统计,悬移质泥沙主要集中在每年汛期的5~10月和主汛期7~9月,分别约占全年的85.2%和58.8%。实测多年平均含沙量0.65 kg/m$^3$,多年平均输沙量3.89亿t,最大年输沙量6.15亿t,最小年输沙量0.58亿t。由于三汊分流分沙量逐年减少,进入长江荆江江段的水沙量相对增大,在洞庭湖落淤的沙量相对减少,导致螺山水文站的水量不变,沙量则相对增加,在上游相同来水量时长江荆江江段水沙量沿程逐渐增大。20世纪50~80年代输沙量呈增加的趋势,该时期水沙变化除与长江上游来水来沙大于多年平均值,特别是1980年以来长江出现丰水、丰沙年有关外,还受到下荆江系统裁弯、葛洲坝大江截流、江湖关系调整等因素影响,到1986年后逐渐减少,2002年6月长江三峡水库蓄水运用,上游大部分泥沙被拦截在库内,螺山水文站实测年输沙量锐减,至2006年输沙量仅为0.58亿t,较多年平均值减少了3.31亿t。

# 3　河岸地质边界条件

长江陆溪口江段现代河床发育在深厚的全新的松散冲积物上,河床基底多由二叠纪、三叠纪和侏罗纪等地层组成,上部大多为第四纪的松软沉积物所覆盖,河床及洲滩地带一般均为全新世现代或近代的沉积。除右岸赤壁矶及石兴矶天然节点的控制外,均为河流松散冲积物组成河岸,以沙质岸坡居多。河床组成一般为细沙,陆溪口中洲基岩埋深31.80 m。洲滩组成一般为细沙,结构比较均匀。沙的紧密度随深度增加而增大,滩面附近顶层淤积时间较晚,固结差,松散易冲。

在近50年的长江堤防工程建设中,先后对长江陆溪口江段左岸的老湾—粮洲段、套口段,右岸的鸡湾—蔡家墩(窑嘴)段、陆溪口—刘家棚段、邱家湾—下桃江段实施了护岸工程。由于长江陆溪口江段分为左汊、右汊和中汊三汊,右汊和中汊都具备通航条件,左汊由于弯曲、狭窄、流量小,已趋于萎缩,为不通航汊道。右汊航道顺直,但由于进口处于弯道凸岸放宽处,是泥沙容易落淤的部位,出浅位置稳定在进口处,右汊枯水期分流比达45%。因此,采用工程措施调整分流比,稳定新洲头部,消除洲头漫滩横流,能使右汊保持较好的通航条件。中汊水深及满足航行条件的宽度都较大,弯曲半径亦满足航道尺度的要求。长江陆溪口江段在其上游赤壁矶头挑流作用下,主流靠河道左侧,致使中汊分流比大于右汊,中汊航道目前虽然具有较好的航行条件,但由于河岸为沙质,左岸的左汊进口上段以及左汊进口至宝塔洲一带岸线受水流淘刷出现垮塌现象,如果继续发展,河道将越来越弯曲,从而增大中汊汊道的水流阻力,致使新洲头部漫滩水流切滩冲出新中汊,造成航道条件严重恶化。为确保航行通畅,2004年进行了长江陆溪口江段航道整治工程,工程实施后,稳定了长江陆溪口江段的河势,改良了通航条件。

长江陆溪口江段两岸的堤防护岸工程经历了几十年的建设,尤其是经历了1998年特大洪水后长江重要堤防隐蔽工程的全面建设,堤防及岸线防护已基本达到该地区近期防洪标准。险工险段基本得到了整治,人工基本抑制了河岸的崩坍,稳定了河岸线,基本解决了因崩岸而产生的防洪问题。

# 4 长江陆溪口江段河床演变分析

## 4.1 历史演变分析

据 1861 年长江陆溪口江段河测图考证,当时长江陆溪口江段已呈微弯汊道的平面形态,中洲已初具规模,汛期撇弯取直的主流切割中洲的头部边滩,初步形成了新洲雏形。切滩撇弯遗留下的串沟是中汊最早的前身,当时长江陆溪口江段左汊和现在的右汊平面形态相近,左汊的凹岸边是可冲刷的二元沉积结构,而串沟的两岸边界为新淤的泥沙,在水流冲刷及弯道环流作用下,中洲的右缘崩坍,串沟发展为汊道,不断向东蠕进。由于分汊段的阻水作用,汛期江面开阔,泥沙在分汊段内落淤,雏形新洲逐年淤积变大。另一方面由于新汊道(中汊)在中、枯水期弯道环流作用下,横向输沙不平衡,雏形新洲的滩尾淤积下延,到 1921 年新洲基本形成,此时的长江陆溪口江段呈现二洲(新洲、中洲)三汊(左汊、中汊、右汊)的平面格局。在 1861～1921 年期间,长江陆溪口江段的左汊向东蠕进,汊道逐年弯曲,汊道的分流口门也随中汊的向东移动而向东下移,右汊的右岸受赤壁山山地节点约束,平面形态变化不大,因新洲的淤积形成,右汊的分流口门大幅度上移,中汊随中洲右缘的崩退、新洲洲尾的淤长下移而不断东移,汊道的进流口门也逐年向东移。经过长达 60 年的演变,中汊经历了产生、迅速冲刷发展、年内冲淤平衡、年内淤积四个阶段。

1926 年汛后退水期,新洲洲头浅滩冲刷出一条串沟,经历 1927～1934 年汛期洪水的造床作用,这条串沟逐渐发展成一条汊道,到 1935 年陆溪口水道呈现出四汊三洲的格局。新洲洲头串沟发展成为一条新的中汊道,新中汊的形成是老中汊衰亡的开始,到新的中汊发展到一定规模后,老中汊不再冲刷东移,并开始淤积变浅,走向衰亡。中洲、新洲因老中汊的逐渐淤积衰亡连为一体。

随水流的顶冲,新洲不断崩退,新中汊也不断向东移动并弯曲,与此同时,被冲刷、切割掉的新洲又逐渐淤积形成。当新洲的淤积发展至已衰亡的老中汊的位置时,因其进口口门下移,进流条件不断恶化,弯曲半径减小,流程增长,比降减小,阻力增大,难以满足泄流要求;在中高水位时,又在新淤积的新洲上冲出串沟,串沟迅速发展,又形成新的中汊,如 1926～1959 年期间,中汊经历了二次发展直至消亡的过程。如此周而复始的变化基本上就是本汊道的演变规律。

## 4.2 近期演变分析

### 4.2.1 江段平面变化

#### 4.2.1.1 1960～1968 年的演变周期

经过 1957～1959 年的冲刷发展,新中汊已基本形成,分流量逐年增加。而左汊分流量逐渐减小,老中汊继续走向衰亡。

1967 年新中汊出口下摆至老中汊的历史位置,至 1968 年新中汊已基本上回到了老中汊的故道,新淤的新洲也基本占据了新洲相应的平面位置。1968 年汛后新洲洲头又冲开了一条串沟,以后演变为新的新中汊。新中汊、新洲又开始了新一轮的周期演变。

#### 4.2.1.2　1969～1984 年的演变周期

1968 年新中汊基本形成后,经历几年的冲刷下移,1974～1975 年枯水期,新中汊运行至新洲的中部。1977 年新中汊的下口与老中汊重合,随着新中汊继续弯曲下摆,汊道进口下移。在 1979 年汛后,新中汊下段回归到老中汊故道,汇流区河谷新旧两槽并存,争夺水流,左汊进口淤塞。

1980 年 1 月枯水期,新洲洲头部普遍刷低,水流扩散,难以集中水流冲刷右汊上口的浅滩区域,造成 1979～1980 年枯水期长江陆溪口江段碍航历时较长。1981 年 11 月长江陆溪口江段上游河势发生调整,界牌江段的主流走南门洲左汊(新堤夹河段),主流顶冲点由叶王家洲一带下移至胡家洲一带,过渡到赤壁山的下方,矶头挑流作用有所减弱,高中水期进入右汊的流量相应增多,流速也随之增大,在这一期间内,右汊冲刷。受赤壁山地节点约束,右汊平面位置相对稳定;而中汊则因进流条件的恶化,汛期淤积,中枯水期冲刷量较小,趋向萎缩;左汊由于过度弯曲,泄流不畅,年际间淤积量大于冲刷量,在 1983 年汛后枯水期,中洲的头部再次出现分流汊道,于是新洲头部再次出现新中汊,又形成了一个完整的演变周期。

#### 4.2.1.3　1985～2006 年的演变周期

1985 年汛后,新中汊南侧又冲刷形成了被称为新洲头汊道的一条分流深槽。新洲头汊道与新中汊之间隔一座近百米宽的心滩,这两条汊道在陆溪口附近汇入右汊。此时陆溪口水道呈现五汊(右汊、新洲头汊道、新中汊、中汊、左汊)并存的格局,主流走新洲头汊道。到1986 年汛后,新洲头汊道与新中汊之间的心滩已冲刷消失,二汊合流。

1987 年汛后,陆溪口汊道进口段深泓北移,右汊出现淤积,新淤的新洲淤高增大。由新洲头汊道、新中汊合流形成的汊道的下口下移至中汊、左汊的汇流处,原新洲逐渐冲刷消失,主流继续向左发展。到 1995 年新中汊完全回到了中汊的故道。1995 年汛后至今,陆溪口江段较为稳定,主流稳定在中汊。左汊的弯道顶冲点下移,左汊主流过渡到中洲方向,冲刷中洲尾部,引起左汊汇流点上移,1995 年至今上移约 200 m。中汊的平面位置逐年向东移动近 500 m,右汊较为稳定。

比较分析长江陆溪口江段中汊、右汊深泓纵断面年内、年际变化过程线,中汊深泓年内变化具有涨水淤积、退水冲刷的特点;1992 年 1 月至 2001 年 11 月有冲有淤,但多年变化呈淤积趋势,2001 年 11 月至 2006 年 10 月中汊深泓多年变化呈冲刷趋势。右汊上段深泓年内变化具有涨水淤积、退水冲刷的特点;右汊下段深泓年内变化具有涨水冲刷、退水淤积的特点;但右汊深泓多年变化呈冲刷趋势。

分析分汊段的过流断面,左汊淤积抬高,过流面积逐年减小,中汊因新洲的下移过流面积减小,而右汊河床冲刷发展,过流面积增加幅度较大。

### 4.2.2　洲滩近期变化

参见表 8-3,在 1991 年 5 月至 2006 年 10 月期间,新洲向下游移动,20 m 高程线(以黄海平面为标准,下同)的平面有较大增加,面积增加最大约 59%;洲顶平均高程有所降低;洲头下移约 692 m;洲尾下移约 2 022 m。中洲的平面位置变化不大,中洲的左缘淤积抬高,右缘冲刷崩失,1991 年 5 月至 2006 年 10 月期间,中洲面积减少约 13%;中洲洲头共下移 236 m,洲尾上提约 880 m。

表8-3　新洲、中洲面积（20 m 高程线）统计表

| 时间 | 中洲（m²） | 新洲（m²） |
|---|---|---|
| 1991 年 5 月 | 11 089 766 | 2 383 304 |
| 1996 年 9 月 | 10 240 876 | 4 482 755 |
| 1998 年 9 月 | 10 011 490 | 4 601 177 |
| 2001 年 11 月 | 10 189 316 | 3 779 939 |
| 2006 年 10 月 | 9 678 301 | 3 554 766 |

### 4.2.3　岸线变化

自 1980 年以来，尤其是 1998 年汛后至 2003 年 2 月期间，对长江陆溪口江段实施了大规模的护岸工程，基本控制了河岸的崩坍，陆溪口水道岸线的变化主要发生在中洲右缘线的崩坍，崩岸的时间主要发生在当年的 11 月至次年的 4 月中、枯水期，中洲右缘下段崩宽大，参见表8-4。

表8-4　中洲右缘崩岸宽度（20 m 高程线）统计表

| 时间 | M1—N1 | | M2—N2 | | M3—N3 | |
|---|---|---|---|---|---|---|
| | 崩宽（m） | 年崩退（m） | 崩宽（m） | 年崩退（m） | 崩宽（m） | 年崩退（m） |
| 1991 年 5 月至 1996 年 9 月 | 260 | 49 | 850 | 159.5 | 1 150 | 217.8 |
| 1996 年 9 月至 1998 年 9 月 | 50 | 9.4 | 130 | 65.0 | 70 | 35.0 |
| 1998 年 9 月至 2001 年 11 月 | 38 | 11.8 | 112 | 35.0 | 168 | 52.5 |
| 2001 年 11 月至 2006 年 10 月 | 7 | 1.4 | 0 | 0 | 0 | 0 |
| 1991 年 5 月至 2006 年 10 月 | 355 | 23.0 | 1 092 | 70.8 | 1 388 | 90.0 |

1991 年 5 月至 2006 年 10 月中洲右缘崩坍线，年崩退 23 ~ 90 m，由于 2004 年实施了航道整治工程，基本抑制了中洲右缘河岸的崩坍，2001 年 11 月至 2006 年 10 月中洲右缘崩坍线，年崩退仅为 1.4 m。

### 4.2.4　右汊进口段浅滩演变

长江陆溪口江段右汊进口段位于弯道凸岸，在红庙河以上约 2 km 处，形成了长度约 1.5 km、宽度约 1 km 的浅区，并与新洲头部相连。右汊进口浅滩区河床质由粗沙、砾沙及圆砾石组成，颗粒较粗，平均粒径为 0.8 ~ 3.6 mm，难以冲刷成槽，在枯水期易形成碍航浅滩。

右汊进口段浅滩年内演变与年内来水来沙条件密切相关，年内演变具有洪淤枯冲的变化规律。年际变化与新中汊的周期性演变密切相关。新中汊形成初期，进口紧靠右汊进口段，分泄了部分原来进入右汊的流量，出口汇入右汊下深槽，对右汊上口产生顶托，右汊进口段浅滩恶化。随着新中汊的左摆下移，右汊进口浅滩趋于好转。1991 年 5 月至 2006 年 10 月期间，右汊口门浅滩冲刷，浅滩脊高程有所降低。

## 5　影响河床演变的因素分析

影响长江陆溪口江段河床演变的因素可分为自然因素和人为因素。其影响因素主要有

河岸的边界条件、河势及水流动力条件、上下游河床演变影响、河床泥沙条件、上游的来水来沙条件等。

## 5.1 河岸的边界条件

长江陆溪口江段左岸为可冲刷的二元沉积物,为鹅头形分汊河道的形成提供了条件;右岸有赤壁山地节点抑制本段河道的南移。长江陆溪口江段在20世纪80~90年代,对左岸的老湾—粮洲段、套口段及右岸的窑嘴—红庙—茅草岭、邱家湾—下桃江段,实施了一定程度的护岸工程,对河岸起到了一定的约束作用,基本解决了因崩岸而产生的防洪问题。但是,长江陆溪口江段内的顺直放宽段过长、过宽,最大河宽达6.5 km,洲滩汊道仍处于天然状态,每年都可能出现一段时间的碍航问题。

## 5.2 河势及水流动力条件

主流经界牌段进入本河段时,受进口赤壁山矶头束水挑流的影响,主流逐渐向左岸过渡,经中汊顺弯而下,中汊为全年主流所在,随水位上涨,主流趋直。右汊处于弯道凸岸,枯水期主流贴近右岸,其下受陆溪口矶头挑流影响又折向河心,水流顺深槽而下,至新洲尾与中汊汇合;中、洪水期主流趋直,右汊上段、新洲滩面处于缓流区,泥沙易于淤积。中、枯水期,受右汊的分流影响,新洲洲头形成大范围的漫滩水流,横流较强,引起新洲滩面冲刷。中、枯水期主流贴近中汊左岸,受水流顶冲,中洲的右缘冲刷崩退,中洲愈崩退,中汊愈弯曲。中、洪水期主流向江心移动,中汊左岸边流流速逐渐减小。

右汊流速沿程变化则为中、枯水期陆溪口以上流速较大,陆溪口以下河床窄深,流速较小,洪水期则相反。因新洲洲头横流的挤压,主流紧贴右岸,流速横向分布呈梯形,至陆溪口以下深槽段流速分布又渐趋均匀。

长江陆溪口江段水流平缓,全江段水面纵比降在$(0.2 \sim 0.3) \times 10^{-4}$之间,且洪水比降略小于枯水,右汊比降大于中汊,最大局部比降出现在右汊上段。

## 5.3 上下游河床演变影响

长江陆溪口江段的上游为长江新堤江段。1994年以来,先后对长江新堤江段上段(界牌)实施了综合整治工程,整治工程有护岸、丁坝群、新淤洲鱼嘴工程等;新淤洲、南门洲之间的锁坝连接从总体上控制了界牌江段主流的频繁摆动和新淤洲头的冲刷崩退,使主流相对稳定在左岸粮洲,并向右岸童家墩至蔡家墩一带过渡,然后贴岸下行至大清江,并逐渐向左岸叶王家洲近岸河床过渡。1998年以来长江连续两年发生历史特大洪水,在特大洪水造床作用下,新淤洲洲面被冲刷,形成分流窜沟,一定程度上降低了新淤洲头鱼嘴工程和两洲之间的锁坝工程的功效,新堤夹水道有所冲刷,分流比有所增大,但新堤夹水道过流断面增加幅度不大,没有改变主支汊的地位关系,主流仍然走南门洲右汊。

长江新堤江段下段为连接界牌江段与陆溪口水道的微变顺直过渡段,自1959年以来,这一过渡段的上段主流一直沿叶王家洲近岸河床下行。当南门洲右汊分流比增大,新堤夹分流比变小时,叶王家洲段顶冲点上提,陆溪口水道赤壁矶的挑流作用增强,陆溪口中汊进流条件改善,有利于泥沙在右汊口门淤积;当新堤夹分流比增大时,叶王家洲段顶冲点下移,陆溪口水道赤壁矶的挑流作用减弱,陆溪口右汊进流条件改善,有利于右汊口门的冲刷。近几年来,右汊冲刷发展,一定程度上与上游江段新堤夹水道冲刷、分流比增大有关。但由于新堤夹水道始终处于支汊地位,受河势控制工程的影响,平滩水位条件下其分流比变幅有限,因此新堤江段河床演变对陆溪口水道的影响有限,陆溪口水道仍按自己的变化规律演变。

长江陆溪口江段的下游为邱家湾江段,其中右岸邱家湾—下桃江段、左岸套口段,在20世纪80、90年代均已实施了护岸工程,在1999～2003年长江重要堤防隐蔽工程的建设过程中,对上述险工段均进行了加固和延长,已基本控制了下游段的河势。右岸邱家湾—下桃江段近期河床演变主要特点为弯道凹岸近岸河床有所冲刷调整,岸线基本稳定,左岸套口段当前岸线基本稳定。

# 6　展望

长江陆溪口江段航道整治工程实施前,河床相对稳定,洲滩不稳定,汊道主要是中汊周而复始的变化,汊道的变化对航槽的稳定不利,极容易出现碍航的现象。

通过陆溪口航道整治工程的实施,保持了中、右汊两汊交替通航的格局,稳定了长江陆溪口江段的河势,改良了通航条件。现在长江陆溪口江段滩槽形态较好,是历史上航道条件最佳的时期。

整治工程实施后,长江陆溪口江段河势基本维持在现有状态。局部江段近岸流速有所增大,如江段右汊进口段,尽管目前有90～120 m的滩地,但因土质不好,近年来有塌滑现象,建议对陆溪口镇、窑嘴、邱家湾等历史险工段进行地形资料的观测,及时采取一定的工程措施。套口段位于长江陆溪口江段下游左岸出口处,现在该江段河势较为稳定,没有出现大的险情,但该江段岸线当前存在堤外无滩问题,需上下延长岸线的守护范围和守护加固已有护岸线。

# 第九章　武汉长江第一越江隧道工程动床模型试验研究

## 1　隧道的来源

历史悠久的隧道工程,起源于战争,是生活、生产在发展中的创造。用于攻城拔寨或坚壁固守的地底暗道、地下堡垒不乏成功战例。20 世纪中国抗日战争中,河北枣庄的地道战,令日寇闻风丧胆,中外名扬。东汉明帝时(公元 63 ~ 66 年)用"火烧水激"法在坚硬的石英岩上开凿出 4 × 4 m、长 16 m 的石门隧道(当时南北交通驿道连接陕西堡斜栈道的咽喉),隧道为交通而兴。

据中国交通部统计,截至 2002 年,中国有铁路隧道 6 876 座,总长度为 3 670 km,为世界第一;公路隧道总数已达 1 782 座,总长度 704 km。当时中国已发展成世界上隧道最多、最复杂、发展最快的国家。

截至 2016 年,中国铁路、公路隧道总长度约 2 万 km,各类水下隧道总长度超过 1 万 km。如果加上在建和纳入规划的有关数据,中国隧道总里程可绕地球赤道一周有余,规模和建设速度均居世界第一。

## 2　交通隧道的广泛应用

交通繁忙堵塞是现代各大都市市政难以解决的棘手问题,而公路隧道、铁路隧道和过江隧道可缩短旅程,直接快捷,能解决燃眉之急。

近代资料统计表明:

(1)最早的水下隧道是 1825 ~ 1843 年建设的英国伦敦泰晤士河底隧道。

(2)早期世界著名的铁路隧道——仙尼斯隧道,连接法国和意大利,长 12.9 km,双线,1857 ~ 1871 年建设。

(3)当前世界上最长的隧道——日本青函隧道,由青森穿过津轻海峡到北海道的函馆,双线,隧道全长 53.86 km,其中陆上部分 30.56 km,海底部分 23.30 km,1964 ~ 1988 年建设。

(4)欧洲最长的英法海底铁路隧道,从英国的多佛尔到法国的加来,双线,直径 7.3 m,长 50 km,其中海底长 37 km。两条隧道之间每隔 30 m 设直径为 4.5 m 的辅助隧道,1987 ~ 1994 年建设,造价为 150 亿美元。

(5)世界上海拔最高的隧道——中国青藏高原可可西里风火山隧道,长 1.34 km,海拔4 900 m,2001 ~ 2003 年建设(青藏铁路长 1 140 余 km,其中 1/2 属高原冻土带,也是世界之最)。

(6)中国之前最大的水底公路隧道是建成于 1988 年的上海延安东路过江(跨过 500 m

宽的黄浦江)隧道。

(7)中国第一条双管、双层越江隧道——上海复兴东路隧道,于 2004 年 10 月 29 日通车,隧道全长 2.79 km,投资 15.9 亿元人民币。

(8)中国香港特别行政区有三条间断的海底隧道,越过维多利亚海峡,连接港岛与九龙半岛,分别于 1972 年、1989 年、1997 年建成。

近些年来,中国的上海、南京、武汉、重庆、广州、杭州、西安、哈尔滨等城市都在兴建或筹建过江隧道,这对城市交通的疏导大有可为,优点很多,但水下工程影响因素复杂,特别是水文水力的影响尤为重要,故在规划设计之前需要进行水工模型试验,就建隧道前后的河势、河床冲淤变化、隧址断面可能最低冲刷高程及深泓摆幅等问题进行深入的研究,确保工程稳固安全。笔者对武汉长江第一越江隧道工程动床模型试验进行举一反三的分析研究。

# 3　长江第一隧道

武汉市人口 800 万人,拥有机动车 60 万辆,主城区交通压力大。市区因长江、汉江分割成三镇,过江交通一直是交通的"瓶颈"。50 多年前的 1958 年,长江第一桥——武汉长江大桥的建成,使长江"天堑变通途"。

武汉市兴建的第一条长江过江隧道,总长度约 3.63 km。设公路孔 2 孔,双向四车道,净高 4.5 m,净宽 10 m,设计车速为 50 km/h,汽车通行能力达 60.05 万车次/d;地铁孔 1 孔,双向二车道,工期 45 个月,工程投资约 20.5 亿元人民币,于 2008 年建成。隧道使用后,从武昌到汉口的行程缩短至 7 min 左右。兴建的隧道,位于武汉长江大桥与武汉长江二桥(6.8 km)之间,距汉江汇入长江口下游约 2 km 处(参见图 9-1)。

当初开展选址方案比选的科学研究成果揭示了武汉市第一条过长江隧道如何定址等鲜为人知的"动床模型试验"。

月亮湾附近的线路 1、线路 2 及线路 3 三个比较方案,因各方案线路最大间距小于 200 m,动床模型试验重点研究线路 2 方案。

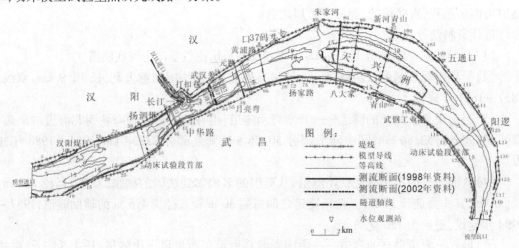

图 9-1　动床模型试验段布置示意图

# 4　武汉长江隧址江段河床基本情况

## 4.1　河床地质

长江武汉江段河床发育于沉积物上,河岸大部分由黏土、亚黏土、亚沙土和粉沙组成,局部为裸露的基岩山体和抗冲性较强的土层,对河道有较强的控制作用。河底疏松沉积物厚度约 30 m,沙砾层厚度 20 余 m。

## 4.2　主流流向及深泓线走向

长江武汉江段主流在进口段由右岸向左岸过渡,经白沙洲、潜洲的左汊,过武汉长江大桥转向沿右岸武昌深槽下行,至徐家棚附近平顺进入天兴洲右汊,左右汊在水口附近汇流后再沿左岸流出本河段。上述流经河段两岸建有堤防,险工段已建护岸工程。沿江建有白沙洲长江大桥、武汉长江大桥、汉口江滩公园、武汉长江二桥以及港口、码头等。隧址位于上段顺直分汊和下段微弯分汊河道的过渡段,岸线较为顺直,深泓偏靠右岸,多年来位置较稳定。

## 4.3　洲滩演变特点

近几十年来,长江武汉江段洲滩的年内变化冲淤互现,各洲滩的演变相互影响、密切相关。

(1)汉口边滩形成历史较长,而汉阳边滩的演变直接影响汉口边滩的发展。

(2)汉口边滩与武昌深槽相互依存。

## 4.4　隧址断面冲淤变化特点

隧址断面的冲淤变化除受隧址附近"W"形(参见图 9-2)左右深槽演变的影响外,还受隧址断面附近深泓线走势的影响,根据多年丰、中水年深泓线变化情况,除 1998 年 9 月隧址断面普遍冲深、局部深泓线左移外,其余均在隧址断面右侧。隧址断面冲淤变化有如下特点:

(1)隧址断面所处河段深槽位于右岸,且右深槽低于左深槽,但左深槽冲淤变幅大于右深槽。多年来,左深槽最深点高程变化范围为 - 12.1 ~ 2.2 m,右深槽最深点高程变化范围为 - 9.9 ~ - 4 m。

(2)在长江和汉江水流作用下,隧址断面特别是左深槽的冲淤变化受汉江洪流的影响较大。主要表现为隧址断面左侧最深点高程值的变化与汉江入汇口处 0 m 深槽冲淤变化密切相关。

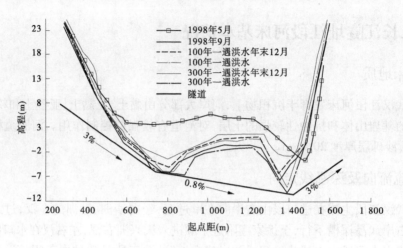

**图 9-2　长江三峡建库后隧道线路 2 隧址河床横断面对比图**

## 5　动床模型设计

### 5.1　动床试验模拟范围及几何比尺

动床模型是在定床模型基础上改制而成的,动床模型的试验范围以能反映隧址江段河势特点和隧道工程对上下游的河势及冲淤影响为前提。试验段上起武汉长江大桥上游约 3 km,下至天兴洲尾,全长约 30 km。河床高程在 16 m 以上及有护岸工程处仍为定床范围,其余均为动床河槽(参见图 9-1)。动床模型平面比尺 $\alpha_L = 450$,垂直比尺 $\alpha_h = 120$,模型变率 $\eta = 3.75$。动床模型试验应满足以下条件。

### 5.2　水流运动相似

惯性力重力比相似:
$$\text{流速比尺 } \alpha_v = \alpha_h^{1/2} = 10.95 \tag{9-1}$$

惯性力阻力比相似:
$$\text{糙率比尺 } \alpha_n = \alpha_h^{1/6}\,(\alpha_h/\alpha_L)^{1/2} = 1.15 \tag{9-2}$$

水流连续性要求:
$$\text{流量比尺 } \alpha_Q = \alpha_L \alpha_h \alpha_v = 591\,540 \tag{9-3}$$

### 5.3　泥沙运动相似

选用木屑作为模型沙,由实测资料分析可知,汉口水文站多年平均悬移质中值粒径为 0.025 mm,其中粒径大于 0.05 mm 的悬移质约占总量的 26.5%;床沙中值粒径为 0.155 ~ 0.21 mm。天兴洲南汉床沙中值粒径为 0.088 ~ 0.191 mm。木屑模型沙密度为 1.05 t/m³,干密度为 0.65 t/m³,求得粒径比尺 $\alpha_{d1} = 0.65$,中值粒径 $d_{50} = 0.27$ mm。本模型设计主要考虑悬移质中的床沙质运动相似,据此确定泥沙运动相似的基本条件。

(1)起动相似。$\alpha_{v_0} = \alpha_v$,式中 $\alpha_{v_0}$ 为起动流速比尺。泥沙起动流速公式采用:
$$v_0 = K \sqrt{\frac{\gamma_s - \gamma}{\gamma} g d} \left(\frac{h}{d}\right)^{1/6} \tag{9-4}$$

式中，$v_0$ 为泥沙起动流速；$\gamma_s$ 和 $\gamma$ 分别为泥沙和水的密度；$g$ 为重力加速度；$d$ 为泥沙粒径；$h$ 为水深；$K$ 为系数。

（2）悬浮相似。据阻力公式转化成沉速比尺：

$$\alpha_\omega = \alpha_v \left( \frac{\alpha_h}{\alpha_L} \right)^{\frac{1}{2}} = 5.656 \tag{9-5}$$

（3）挟沙相似。$\alpha_s = \alpha_{s_0}$，其中 $\alpha_s$、$\alpha_{s_0}$ 分别为含沙量比尺和水流挟沙力比尺。悬移质含沙量比尺：

$$\alpha_s = \alpha_{s_0} = \alpha_c \frac{\alpha_{\gamma_s}}{\alpha_{\frac{\gamma_s - \gamma}{\gamma}}} \left( \frac{\alpha_h}{\alpha_L} \right)^{\frac{1}{2}} \tag{9-6}$$

式中，$\alpha_c$ 为常数比尺，取值为 1，代入式（9-6）计算，可得 $\alpha_s = 0.381$。

（4）河床变形相似。河床变形的时间比尺：

$$\alpha_{t_2} = \frac{\alpha_L \alpha_{\gamma_0}}{\alpha_v \alpha_s} \tag{9-7}$$

式中，$t_2$ 为时间，$\alpha_{\gamma_0}$ 为干密度比尺。

初步得河床变形时间比尺 $\alpha_{t_2} = 350$，上述挟沙相似计算中假定 $\alpha_c = 1$，与实际有差别，因此最终的河床变形时间比尺、含沙量比尺需通过验证试验确定。模型设计的各项比尺参见表 9-1。

表 9-1　动床模型比尺计算汇总

| 相似条件 | 比尺名称 | 比尺符号 | 比尺值 |
|---|---|---|---|
| 几何相似 | 平面比尺 | $\alpha_L$ | 450 |
| | 垂直比尺 | $\alpha_h$ | 120 |
| 水流运动相似 | 流速比尺 | $\alpha_v$ | 10.95 |
| | 糙率比尺 | $\alpha_n$ | 1.15 |
| | 流量比尺 | $\alpha_Q$ | 591 540 |
| | 水流时间比尺 | $\alpha_{t1}$ | 41.1 |
| 泥沙运动相似 | 起动流速比尺 | $\alpha_{v0}$ | 10.95 |
| | 床沙粒径比尺 | $\alpha_{d1}$ | 0.65 |
| | 悬移质粒径比尺 | $\alpha_{d2}$ | 0.418 |
| | 沉速比尺 | $\alpha_w$ | 5.56 |
| | 含沙量比尺 | $\alpha_s$ | 0.381 |
| | 河床变形时间比尺 | $\alpha_{t2}$ | 350 |

# 6　模型验证试验

为检验模型设计所确定的各项比尺的合理性，以保证试验可靠，必须先做动床验证试验。同时，考虑隧址可能的冲刷，以汛期冲刷为验证重点，分别采用 1998 年和 2002 年汛期实测资料进行以下重点验证试验：

（1）地形与水沙条件验证；

（2）水面线验证；

（3）流速分布及分流比验证；

（4）河床冲淤变形验证。

验证试验结果表明:模型设计、选沙及各项比尺的确定基本合理,各项的误差范围全部符合中华人民共和国行业标准《河工模型试验规程》(SL 99—95)的法定要求,能保证模型相似的可靠性。经验证试验确定,含沙量比尺为 0.381,河床冲淤变形时间比尺为 350。

# 7　动床模型试验研究

## 7.1　研究目的

动床试验主要研究当长江三峡水利枢纽工程建成后,在典型系列水文年和 100 年、300 年一遇洪水过程作用下,隧道工程江段的河势、水位、河床冲淤变化,隧址断面处可能最低冲刷高程与深泓摆幅,以及隧道修建对工程江段防洪、航运等方面可能产生的影响。

## 7.2　长江三峡水利工程建成后试验的水沙条件

根据《长江三峡水利枢纽工程初步设计报告》,考虑长江三峡水库防洪调度和长江中下游规划蓄洪区配合计划分洪,将 1954 年型洪水演算(不考虑长江三峡水库蓄水后河道冲淤变化的影响)与现状计划分洪情况相比较,长江三峡建库后,长江武汉江段 100 年一遇和 300 年一遇洪水的水位值与建库前相比变化不明显,故建库后 100 年一遇和 300 年一遇洪水过程近似采用与建库前相同的洪水过程。

长江三峡水利枢纽工程建成后,由于水库拦蓄作用,下泄水流含沙量减小,虽经长江宜昌至武汉 600 km 江段的冲刷,含沙量沿程增大,但进入长江武汉江段的水流含沙量在水库运用后 50 年内仍较建库前有所减小,其中以第 41～50 年减小幅度最大,较建库前平均减小了约 1/3,其中汛期含沙量减小约 20%。

考虑本试验研究目的及对工程偏于安全的原则,以上两条件均被采用。即选择 100 年一遇和 300 年一遇洪水及对工程偏于安全的典型系列年进行现状情况动床模型试验。

## 7.3　典型系列水文年选择

长江三峡水利枢纽工程坝下游冲刷一维数模计算结果表明,长江武汉江段河床将发生冲刷,历时较长,但冲刷强度不大,约经过 50 年左右冲刷量达最大值。在 1961～1970 年水文年系列中,考虑多年平均来水来沙的情况,选择水量偏大和对工程偏于安全的 1961～1964 年(①长江,②汉江。1961 年①中水少沙,②中水少沙;1962 年①中水中沙,②中水少沙;1963 年①中水大沙,②小水少沙;1964 年①大水大沙,②中水少沙)作为动床模型试验的典型系列年组合,来沙过程也相应选择含沙量较小的长江三峡水利枢纽工程建成后第 41～44 年的来沙条件。即长江三峡水利枢纽工程建成后,动床模型试验组次为 100 年一遇洪水 +1961～1964 系列年组合和 300 年一遇洪水 +1961～1964 系列年组合两组,各历时 5 年。

# 8　隧道建成后的动床模型试验成果

## 8.1　试验条件

修建隧道工程后试验水文条件共 2 组,即按上述长江三峡水利枢纽工程建成的两种情况分别进行动床模型试验。试验中隧道采用隧顶最低高程为 - 11.55 m 的方案(参见图 9-3)。

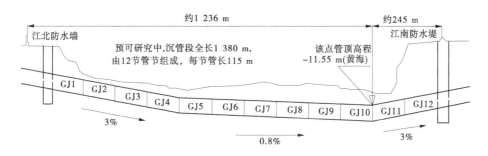

图 9-3　隧道工程布置示意图

## 8.2　河床冲淤、水位、流速分布及汊道分流比变化

### 8.2.1　河床冲淤变化

修建武汉长江第一越江隧道后,隧道附近局部河床冲淤有所变化。两种试验水文条件组合中,在建库 300 年一遇洪水 + 典型系列年试验条件下,随着上游来水来沙条件的改变,河床冲刷,隧道顶部逐渐出露床面,汛期出露程度加剧,汛后 9 ~ 10 月份达到最大,出露长度为 20 ~ 140 m,出露高度为 1 ~ 3 m。

### 8.2.2　水位变化

在长江河道中修建隧道,若隧道露出河床、占据部分过水断面时,将产生阻水作用,可能会造成隧址上游河段水位的抬高,其影响范围主要取决于沉管阻水面积占断面总过水面积的比例。

武汉长江第一越江隧道修建前后,在各级流量条件下,隧址附近各个水位站水位变化均在模型测量误差范围之内,试验结果为 0.02% ~ 0.6%,因此隧道的修建对其上下游水位无明显影响。

### 8.2.3　流速分布变化

为了观测修建武汉长江第一越江隧道前后隧址附近流速场的变化,共布设了 3 个测流断面。在长江三峡建库后 300 年一遇洪水年中,当流量为 29 216 m³/s 时,隧址附近流速场无明显变化,最大相对差值不超过 5%,大部分相对差值在 3% 范围以内。

### 8.2.4　天兴洲汊道分流比变化

长江三峡建库后,在 300 年一遇洪水年中,当流量为 46 079 m³/s 时,隧道修建前,天兴洲左汊分流比为 27.45%,隧道修建后左汊分流比为 28.36%,说明隧道修建前后天兴洲左汊分流比无明显变化。

### 8.3　对河势、防洪和航运影响分析

#### 8.3.1　河势变化

长江武汉江段由于受左右岸山矶节点的控制,加之历年实施抛石护岸工程,20 世纪 60 年代以来,历年河道平面形态及河床深泓变化不大。

在长江三峡水利枢纽工程建成后的 300 年一遇洪水年试验条件下,建武汉长江第一越江隧道工程后,长江武汉江段上述规律没有发生明显改变,河道深泓没有出现明显的易位。

修建武汉长江第一越江隧道工程前后,隧址河段主流线随流量大小变化规律基本一致,在长江三峡水利枢纽工程建成后 100 年一遇洪水年试验条件下,修建隧道后,主流线沿程走势亦无明显变化。因此,工程河段的河势不会因隧道的修建而改变。

#### 8.3.2　防洪

科学试验成果表明,武汉长江第一越江隧道工程的修建对工程河段的水位、流速均无明显影响,而且近岸流速没有明显增大的趋势。因此,隧道的修建对长江武汉江段的防洪无明显影响。

#### 8.3.3　航运

科学试验结果表明,武汉长江第一越江隧道工程的修建对工程河段的水位、流速无明显影响,武汉长江第一越江隧道工程的修建对航运也无明显影响。

## 9　展望

湖北省武汉市自古就有"九省通衢"之美称,现在已成为国际大都市。武汉市被长江和汉江分割成隔水相望的三大市区,过江交通形成"瓶颈"障碍,而城市地铁是城市经济社会可持续发展的需要,过江隧道是现代化交通的先进典型,两者结合的主要优点如下:不占用城市宝贵的土地资源;运量大、车速快、无交通干扰;不受恶劣气象的影响,可全天候运行;可避免噪声和粉尘污染,有利于生态城市的建设;对航运及两岸码头等设施无干扰,有利于战备,且比桥梁有更好的优越性。此外,过江隧道工程技术成熟(有沉管法及盾构法),工期和造价也都低于桥梁结构。

长江武汉江段进口的左右岸有龟山、蛇山控制节点,近几十年来河势基本稳定,左岸汉阳和汉口的洲滩变化较小,扬长 10 km 护岸绿化的汉口江滩公园已建成。武汉长江第一越江隧道工程隧址断面冲淤主要受上游长江水沙条件的影响,同时还受到汉江来水来沙条件的影响。在一般水文年条件下,无论是汛期还是非汛期,隧址断面右侧最深点高程明显低于左侧。

武汉长江第一越江隧道工程(右岸最低隧顶 -11.55 m 方案)的实体模型试验结果表明:长江三峡水利枢纽工程建成前后,在 100 年一遇洪水与典型系列年组合和 300 年一遇洪水与典型系列年组合共 4 种水沙条件下,左侧河床中的隧道顶部出露最大长度为 20~140 m,出露最大高度为 1~3 m;隧道附近局部河床冲淤有所变化;隧道的修建对其上下游水位、流速场和天兴洲汊道分流比均无明显影响;隧道的修建对工程河段的河势、防洪、航运也无明显影响。

由于长江三峡水利枢纽工程建成后,大坝下游(1 000 km 以内)将发生长时期、长距离的冲刷,长江武汉江段来水来沙和河床冲淤情况非常复杂,河工实体模型试验成果可作为设

计定性的依据。工程设计时隧道埋深应留有余地。右岸隧顶最低高程为 – 5 m 的方案不安全,不宜采用。

武汉长江第一越江隧道工程建成运行后,还需对隧道附近河床冲淤变化加强监测,如发现问题,应及时采取措施,以保证隧道安全正常运行。

# 第三篇　保护环境的管理规章与倡议

## 【概述】

本篇根据笔者从事长江流域水环境与水资源保护监督管理几十年来所积累的工作经验总结和科学研究成果,遵循科学发展观,论述水利工程建设期间建立健全环境保护管理规章制度的重要性,并结合长江三峡水利枢纽工程第三期建设中笔者作为《三峡工程施工区环境保护管理实施细则》和《三峡工程施工区环境保护工作考核办法》等环境保护规章制度起草者的实践,介绍了这两部规章的起草、制订过程和实质内容,旨在为全国水环境与水资源保护工作者,特别是中国大中型水利水电工程建设环境保护设计、监管者进行顶层设计提供重要的参考和借鉴。

本篇还探索了科技信息在环境保护等工作中的作用和环境保护咨询的重要性,倡导用新时代创新思想编纂水资源保护志,提出公民预防污染、保护环境文明行为的倡议。

# 第十章 为长江三峡水利枢纽工程定制的 施工环境保护管理规章

## 1 长江三峡工程施工环境保护工作概况

1992年底,长江三峡准备工程实施以来,中国长江三峡工程开发总公司认真贯彻落实长江水资源保护科学研究所编制的《长江三峡工程施工区环境保护实施规划》,在第一、二期工程施工中,对施工区采取了一系列环境保护控制措施和管理办法,在大的方面使公共场所的环境污染得到了初步控制。但在局部重点施工区的环境污染和生态破环问题日益突出,引起了国家和环境保护主管部门高度重视。

2005年,中国国家环境保护总局对《长江三峡水利枢纽地下电站和电源电站环境影响报告表》的批复意见提出了长江三峡第三期工程必须实行环境监理的明确要求。中国长江三峡工程开发总公司为了顺应工程建设环境保护新形势,并为工程竣工环境保护专项验收奠定基础,自2005年实施环境保护监理新形式。

## 2 长江三峡第三期工程施工区环境保护监理新模式

进入21世纪,中国对建设项目施工环境保护管理与环境保护验收提出新要求。中国长江三峡工程开发总公司为了适应长江三峡第三期工程建设环境保护工作的新形势,从整体上加强对施工区的环境保护工作,进一步完善环境保护管理体制,为了工程环境保护专项验收及竣工验收奠定基础,又增建了科技与环境保护部,并决定实行新型的环境保护监理模式,即在“中国长江三峡工程开发总公司环境及文物保护委员会”指导下,在“中国长江三峡工程开发总公司科技与环境保护部”直接负责环境保护管理体制的基础上,再由“中国长江三峡工程开发总公司工程建设部技术管理部”外聘有环境保护监理资质的专业环境保护单位长江水资源保护科学研究所负责长江三峡第三期工程施工区环境保护监理业务,以协助业主中国长江三峡工程开发总公司环境保护管理工作。

## 3 建立新的环境保护管理制度

2005年,中国长江三峡工程开发总公司根据10多年的长江三峡水利枢纽工程建设环境保护管理的经验教训和面对环境保护监理新模式,授权其下属工程建设部技术管理部制定出包含新增环境保护监理重要内容的《三峡工程施工区环境保护管理实施细则》和《三峡工程施工区环境保护工作考核办法》(参见本章第4节和第5节)。这两项规章制度已于2006年5月19日由中国长江三峡工程开发总公司工程建设部发布实施,通过多年的运行管理,成效显著。

中国在“水利水电工程环境保护监理规范”还没有制订的情况下,特大型水利水电工程纷纷上马,建设施工。国家对工程施工的环境保护管理与验收又提出了新要求,故实际施工必须提出有约束性、指导性、前瞻性和全面性的条文,形成可行性、便操作性及有实效性的《施工区环境保护管理实施细则》等一系列书面规定准则,以便有章可循,有规可据。这是十分紧迫和重要的战略措施。笔者在这一时刻,受命主持编制这一规则(《三峡工程施工区环境保护管理实施细则》)及配套规定《三峡工程施工区环境保护工作考核办法》等重任,经过缜密的调查研究和已有的长期主持环境保护监理的实践经验,在短期内完成了任务,并通过中国长江三峡工程开发总公司工程建设部正式发布。再经过多年的长江三峡第三期工程施工区环境保护管理的运用,取得了圆满效果,既发挥出中国长江三峡工程开发总公司工程建设部在长江三峡第三期工程建设中对环境保护管理工作的宏观引领作用,又具有中国水利水电工程建设环境保护管理的典范推广价值。现推介如下。

## 4 《三峡工程施工区环境保护管理实施细则》全文

### 三峡工程施工区环境保护管理实施细则

(2006 年 5 月 19 日中国长江三峡工程开发总公司工程建设部发布)

#### 第一章　总　则

**第一条**　为了加强三峡工程施工区的环境保护管理,防治施工活动造成的环境污染与生态破坏,保障人群健康,保护和创造良好的施工环境,根据《三峡工程施工区环境保护管理实施办法》(以下简称实施办法)和有关环境保护法律、法规,并结合三峡工程施工区的实际情况,制定本细则。

**第二条**　本细则适用于中国长江三峡工程开发总公司(以下简称三峡总公司)所辖三峡工程施工区。

三峡工程施工区从事枢纽工程建设者及其有关人员必须遵守本细则。

#### 第二章　环境保护监督管理

**第三条**　三峡总公司工程建设部技术管理部是三峡工程施工区环境保护主管部门(以下简称环境保护主管部门),负责对施工区环境保护实行统一的监督管理。

**第四条**　长江水资源保护科学研究所是三峡工程施工区环境保护监理单位(以下简称环境保护监理单位),从事施工区环境保护监理工作,并协助环境保护主管部门进行施工区环境保护管理工作。

专业环境保护监理工程师在施工现场独立进行环境保护监督管理工作,通过工程项目部的配合,在授权范围内对三峡工程建设监理单位(以下简称建设监理单位)、施工单位提出建议或下达指令,审核建设监理单位、施工单位报送的环境保护管理计划、环境保护工作报告和环境统计报表等文件,并协助环境保护主管部门开展施工区环境污染事故调查处理和工程竣工环境保护专项验收工作。

**第五条**　建设监理单位是三峡工程施工区施工合同项目的直接环境保护监督管理单位,负责三峡工程环境影响报告书(表)、环境保护初步设计、环境保护实施规划等设计文件的环境保护措施及施工合同环境保护措施和安全生产等条款执行情况的监理工作,并接受环境保护主管部门的领导和环境监理单位的技术指导和管理。应根据监理项目的具体情况,建立环境保护监理管理体系和和制度,配备相应的专(兼)职环境保护监理人员,实行项目副总监—环境监理工程师二级管理体制,必须将施工项目环境保护内容纳入监理工作范围,对施工过程中的环境保护工作实行全方位监理。

建设监理单位必须编制所负责施工合同项目的环境保护监理实施细则,对环境保护设施的建设质量、进度、投资等进行有效控制,对环境保护设施的运行情况进行定期监督检查,审查施工单位报送的环境保护管理计划、环境保护工作报告和环境统计报表等文件。协助环境保护监理单位进行施工区环境污染事故调查和工程竣工环境保护预验收等工作,对工程环境保护工作信息、资料(包括文字和声像等资料)进行归档。建设监理单位的各类报告中亦应有反映工程环境保护工作的内容。

**第六条** 三峡工程环境影响报告书(表)、环境保护初步设计、环境保护实施规划等设计文件的环境保护措施及施工合同环境保护措施和安全生产等条款规定的环境保护内容认真组织、落实。

施工单位必须建立有效的环境保护管理体系,建立适合本单位的环境保护管理制度,实行项目负责人—职能管理部门—现场管理人员等三级环境保护管理体系,配备专(兼)职环境保护管理人员,并接受环境保护主管部门、环境保护监理单位和建设监理单位的管理及监督性环境监测、检查。

**第七条** 施工项目在开工前,施工单位应编制项目环境保护管理计划,并经建设监理单位审查、环境保护监理单位审核后报环境保护主管部门批准。

**第八条** 施工单位编制的月度环境保护文件应在月底报建设监理单位审查,下月五号前报环境保护监理单位审核;每年1月5日前向环境保护主管部门和环境保护监理单位提交上年度环境保护工作总结。施工项目结束后的一个月内向环境保护监理单位提交该项目的环境保护工作报告。

**第九条** 根据实施办法第九条规定,各施工单位必须保证环境保护设施与承包项目同时施工、同时投入运行。工程完工后,环境保护主管部门应组织有关施工单位对施工迹地进行恢复工作,即修复施工场地和生活营地受破坏的生态环境。

**第十条** 根据实施办法第九条、第二十二条规定,污染防治设施必须配套齐全,正常运行,经满负荷试车,其防治污染能力适应主体工程的需要,外排污染物符合环境保护要求。各施工和运行管理单位应加强环境保护设施的运行管理,保证正常使用,运行及排污不得弄虚作假,并建立运行台账和报告制度。

环境保护设施不得擅自拆除或闲置,建设监理单位和环境保护监理单位对环境保护设施实行定期检查,环境保护主管部门不定期抽查。

环境保护设施确有必要拆除、闲置、改造、更新、暂停运行的,运行管理单位必须报建设监理审查、环境保护监理单位审核后,报环境保护主管部门批准。

**第十一条** 环境保护主管部门应根据国家或地方新出台的环境保护的法规、政策,适时要求施工区相关单位对不符合环境保护要求的防治污染设施、设备,按产权关系和合同规定置换或更新。

**第十二条** 施工区有关单位在施工、实验等过程中产生的废弃危险化学品,必须按照国家环境保护有关规定进行处置。

危险化学品生产者、进口者、销售者、使用者对废弃危险化学品承担污染防治责任。废弃危险化学品的回收、处置工作须委托持有危险废弃物经营许可证的单位实施，禁止任何单位或者个人随意弃置废弃危险化学品。

**第十三条**　根据实施办法第十条规定，有可能产生环境污染事故的单位，应当制定环境污染事故的应急处理预案，报送建设监理单位审查、环境保护监理单位审核和环境保护主管部门批准。

凡发生环境污染事故的单位，必须立即启动应急处理预案，并在事故发生后三十分钟内向建设监理单位、环境保护监理单位和环境保护主管部门报告事故发生的时间、地点、污染现状等情况；事故处理后，应当向环境保护监理单位和环境保护主管部门提交事故发生的原因、过程、排放污染物的种类、数量、危险程度、应急措施、遗留问题等情况的详细书面报告。

环境保护主管部门收到环境污染事故的初步报告后，应当立即组织对事故可能影响的区域进行监测，并对事故进行调查处理，同时向当地人民政府环境保护主管部门报告。

**第十四条**　建设监理单位和环境保护监理单位必须对管辖范围内向施工现场排放污染物的情况做定期检查和随时抽查。一旦发现环境污染问题应及时发出环境问题通知或环境问题整改通知单等指令，要求施工单位立即整改，直至消除污染为止。

**第十五条**　重要污染源应由施工单位、建设监理单位和环境保护监理单位各自建立相应档案。

**第十六条**　凡承担枢纽工程建设环境保护设施（措施）的施工、监理单位，须从其合同经费预提的质量保证金中提取 5% ~ 10% 的经费作为环境保护保证金。

## 第三章　大气污染防治

**第十七条**　有关钻机应安装和有效使用防尘装置；施工隧道中应安装和有效使用具备环境保护要求的通风设施。

**第十八条**　拌和楼系统应安装除尘设备，在生产过程中有效使用，并加强其检查、维护。

拌和楼系统应加强监测，防治氨泄漏。拌和楼系统拆除过程中应采取有效措施妥善处理系统管道中的余氨，防止发生空气污染和水污染。

**第十九条**　燃油机械、运输车辆应安装尾气排放净化器，使废气按国家标准达标排放，并加强维护保养。

**第二十条**　施工单位在运输和装卸水泥、粉煤灰、固体废物时应采用防泄漏措施。

运输车辆的储罐、气提式风动装卸、储存和转运系统等应保持良好的密封状态，并定期保养和检修。

**第二十一条**　施工单位应对料场、施工作业面、运输道路等进行清扫、洒水。

**第二十二条**　严禁在施工区焚烧固体废物。

## 第四章　水污染的防治

**第二十三条**　施工单位不得将未经处理的沙石料冲洗废水、混凝土拌和废水、混凝土浇筑养护废水等直接排入长江等水域，有关废水必须处理后达标排放。

**第二十四条**　环境保护监理单位和建设监理单位对施工单位的生产废水和生活污水排

放情况进行检查时,被检查单位有义务提供下列资料:

（一）污染物排放情况。

（二）污染物治理设施及其运行和管理情况。

（三）污染限期治理进展情况。

（四）污染事故处理情况及有关记录。

（五）与污染有关的生产工艺、原材料使用的资料。

（六）与水污染防治有关的其他情况和资料。

**第二十五条**　根据实施办法第二十三条规定,生活污水经过处理,达标排放。

**第二十六条**　施工区医疗卫生机构产生的污水、传染病病人或者疑似传染病病人的排泄物,应当按照国家规定严格消毒杀菌处理,达到国家规定的排放标准后,方可排入污水处理系统。

**第二十七条**　施工区有关单位各种机械、设备、车辆等运行、修理所产生的废油应进行回收,并交给持有废油再生厂或回收废油经营许可证的单位处理。严禁各单位及个人私自处理废油。

## 第五章　噪声污染防治

**第二十八条**　根据实施办法第二十六条规定,施工单位应对施工噪声进行控制:

（一）噪声源控制

对爆破作业、挖掘作业、砂石料加工、制冷、空气压缩、运输等高噪声、振动大的系统应采用低噪声设备、材料、工艺和防噪设施,并加强设备的维护和保养。

（二）传声途径控制

在爆破作业、挖掘作业、砂石料加工、制冷、空气压缩等操作过程中,应采用有效的隔声措施。

（三）受主防护

在强噪声环境下的施工人员必须戴耳塞、耳罩等个人防噪声用具和定时轮换休息。

**第二十九条**　根据实施办法第二十七条规定,建设监理单位应对施工单位使用的高噪声设备实行申报登记,并对噪声防治措施进行核查。

**第三十条**　临近声环境敏感区的施工活动,必须做好下列施工噪声防治工作:

（一）对噪声源采用隔音设备进行有效降噪。

（二）有强噪声源的施工项目应分时段施工,尽量避免夜间作业。

（三）车辆限速行驶,禁止使用高声喇叭。

（四）因施工噪声扰民,发生民事纠纷时,施工单位应立即采取有效措施,并承担相应的责任。

## 第六章　固体废物处置

**第三十一条**　根据实施办法第二十九条规定,施工单位对施工弃土、弃渣、生活垃圾等固体废物必须按有关设计文件要求分类堆放,并做好弃渣场的管理工作。

**第三十二条**　根据实施办法第三十条规定,施工单位不得将施工中产生的有毒有害等危险品任意倾倒、焚烧或埋入地下,应按环境保护的有关规定实行有毒有害物质处置申报制度。

有毒有害物质的处理方案经环境保护主管部门批准后,应由具有有毒有害物质的处置资质的单位进行处置。有关鉴定、处理费用由施工单位自行承担。

施工单位因有毒有害等危险品任意处置造成污染事故时,必须承担相应的责任。

**第三十三条** 施工区医疗卫生机构应当建立健全医疗废物管理责任制,制订医疗废物管理规章和在发生意外事故时的应急方案,预防和处理因医疗废物导致传染病传播和环境污染事故。

禁止在非贮存地点倾倒、堆放医疗废物或者将医疗废物混入其他废物和生活垃圾。

## 第七章 人群健康保护

**第三十四条** 施工、监理等单位在施工区应建立健全的医疗保健系统,做好卫生防疫工作,严格执行疫情报告制度。

**第三十五条** 环境保护主管部门应组织相关单位采取有效措施,降低施工区各种病原微生物及虫媒的密度,预防和控制施工区传染性疾病的流行。

**第三十六条** 施工、监理等单位应对准备进入施工区的参建人员进行卫生检疫,防止传染性疾病在参建人群中传染和流行。施工期间定期对参建人群进行观察和体格检查,建立医疗保健个人档案,及时预防和控制疾病的发生和蔓延。

**第三十七条** 施工单位应对食堂工作人员实行健康证制度。

对职工食堂进行经常性的食品卫生检查和监督,防止食物中毒事件的发生。

## 第八章 奖励与处罚

**第三十八条** 环境保护主管部门定期对施工、监理单位环境保护工作进行考核,根据考核结果对有关单位进行奖惩和环境保护保证金返扣。有关施工区环境保护工作考核办法由环境保护主管部门另行制定。

**第三十九条** 对遵守环境保护法规和本细则,履行有关设计文件、合同条款的施工、监理单位,返回其环境保护保证金。对环境保护工作成绩突出的有关单位和个人给予适当奖励。

**第四十条** 对违反环境保护法规和本细则,未履行有关设计文件、合同条款的施工、监理单位,扣除其环境保护保证金。

## 第九章 附 则

**第四十一条** 本细则自发布之日起施行。

**第四十二条** 本细则由中国长江三峡工程开发总公司工程建设部负责解释。

# 5 《三峡工程施工区环境保护工作考核办法》全文

## 三峡工程施工区环境保护工作考核办法

（2006 年 5 月 19 日中国长江三峡工程开发总公司工程建设部发布）

### 第一章 总 则

**第一条** 根据《三峡工程施工区环境保护管理实施细则》，制定本办法。

**第二条** 三峡工程施工区环境保护工作考核对象为施工区内从事枢纽工程建设的施工单位（项目部）、监理单位及有关人员。

### 第二章 考核内容

**第三条** 施工单位（项目部）考核内容：

（一）建立健全环境保护管理体系，环境保护工作规章制度齐全。

（二）召开工作例会包含环境保护内容，按要求参加有关环境保护工作会议。

（三）按要求向建设监理单位和环境保护监理单位报送施工环境保护工作文件。

（四）施工过程中按要求实施水环境、空气环境、声环境保护措施，妥善处置各类废弃物，保护施工人员健康，对出现的问题，积极按照建设监理单位和环境保护监理单位的意见进行整改。

（五）污染物排放单位必须将污染防治设施的管理纳入本单位管理体系，配备专门的操作人员及管理人员，建立健全岗位责任制、操作规程、运行和维护记录等各项规章制度；对污染防治设施的运行情况和排污情况必须切实做好记录并建档管理。

（六）有可能发生环境污染事故的单位，在施工前编制环境污染事故的应急处理预案，并经建设监理单位审查、环境保护监理单位审核后报环境保护主管部门。

（七）对施工弃土、弃渣、生活垃圾等固体废物按要求分类弃置，并做好弃渣场的管理工作；对施工、实验等过程中产生的废弃危险化学品按规定处置。

（八）对施工人员开展环境保护宣传、教育工作。

（九）对环境保护工作资料（包括声像资料）按档案管理要求进行管理。

**第四条** 施工单位环境保护先进个人考核内容：

（一）严格执行环境保护措施和操作规章，积极主动参与污染防治工作。

（二）对施工环境保护提出重要合理化建议并被采纳。

（三）及时发现潜在环境污染因素，提出改进建议，避免污染事故发生。

（四）发生污染事故时，及时报告并积极参与治理和抢救，表现突出。

**第五条** 建设监理单位考核内容：

（一）建立健全环境保护管理体系和制度。

（二）针对各施工项目编制环境保护监理实施细则。

（三）召开的工作例会包含环境保护内容，并有记录；各类监理工作报告中含有环境保护工作内容；按要求参加环境保护工作会议。

（四）按环境保护要求审查施工单位提交的施工环境保护工作报告、环境保护统计报表等文件，并提出审查意见。

（五）负责环境保护工作的监理工程师定期巡查施工现场环境保护工作情况，并做监理记录；对施工单位未按照环境保护要求施工的，及时发出环境问题整改通知单等指令，要求施工单位及时改正。

（六）对职工开展环境保护宣传、教育工作，并有记录。

（七）对环境保护工作资料（包括声像资料）按档案管理要求进行管理。

**第六条**　建设监理单位先进个人考核内容：

（一）依据环境保护监理细则，积极有效开展监理工作。

（二）认真执行各项环境保护规章制度，做好环境保护监理工作。

（三）适时巡查施工现场防治环境污染情况，并认真做记录；发现环境问题时，及时发出口头及书面环境问题整改通知单，并督促施工单位认真执行，消除环境污染。

（四）对环境保护工作提出合理化建议并被采纳。

## 第三章　总结、考核工作的组织

**第七条**　三峡工程施工区年度环境保护考核工作由总公司工程建设部技术管理部组织实施，全部考核工作在次年第一季度完成。

**第八条**　被考核单位（项目部）在每年12月下旬向工程建设部技术管理部提交年度环境保护工作总结，准备好该年度环境保护文件资料以备查阅；被考核单位（项目部）根据考核表项目及内容（见附件1、附件2）进行自我评价并填写自评分，自评结果在12月31日前报三峡工程环境保护监理部。

三峡工程环境保护监理部审阅、核实各单位（项目部）提交的年度环境保护工作总结和自评考核表，经考核与分析后，对各单位（项目部）给出最终考核分，报工程建设部技术管理部。

工程建设部技术管理部组织专题评审会，根据定量打分与定性分析的情况，确定考核结果。

考核合格的单位（项目部）可依据本办法第四条和第六条之规定，从本单位（项目部）从事环境保护工作的专（兼）职人员中推选先进个人1~3名，填写推荐表（见附件3）报工程建设部技术管理部审核。

考核结果报工程建设部审批。

## 第四章　考核结果

**第九条**　环境保护工作考核结果分为先进、合格与不合格三种。

**第十条**　先进

被考核单位（项目部）在年度环境保护工作考核中得分在80分以上（含80分）的，为先进。

**第十一条**　合格

被考核单位（项目部）在年度环境保护工作考核中得分在70分以上（含70分）的，为合格。

**第十二条　不合格**

被考核单位(项目部)在年度环境保护工作考核中得分在 70 分以下的,为不合格。被考核单位(项目部)在年度环境保护工作中出现以下情况时,考核结果直接判定为不合格。

(一)发生环境污染事故。

(二)未按要求编制环境保护统计报表、工作报告等文件,在考核年度累计达到 3 次。

(三)拒绝执行环境问题整改指令或不能及时有效执行指令。

## 第五章　奖励与处罚

**第十三条**　依据《三峡工程施工区环境保护管理实施细则》第三十八条、第三十九条、第四十条规定,根据环境保护工作年度考核结果对有关单位(项目部)进行环境保护保证金返扣,对环境保护工作先进单位(项目部)和先进个人给予适当奖励。

**第十四条　保证金返还与奖励**

(一)对环境保护工作合格单位(项目部),全额返还考核年度环境保护保证金。

(二)对环境保护工作先进单位(项目部),全额返还考核年度环境保护保证金,并给予 3 万 ~ 5 万元奖金。

(三)对环境保护工作先进个人,给予 1 000 ~ 1 500 元奖金。

**第十五条　保证金扣除**

环境保护工作考核不合格的单位(项目部),全额扣除其考核年度环境保护保证金。

## 第六章　附则

**第十六条**　本办法自发布之日起施行。

**第十七条**　本办法由中国长江三峡工程开发总公司工程建设部负责解释。

附件1

_____年度三峡工程施工单位环境保护工作考核表

施工单位名称: 　　　　　　　工程项目名称:

| 类别 | 项目 | 环境保护工作项目 | 分值 | 自评分 | 考核分 | 备注 |
|---|---|---|---|---|---|---|
| 环境保护管理(48分) | 管理体制 | 1.建立完整的环境保护管理组织体系和责任制度。单位负责人、部门负责人、施工现场管理人员职责明确,专(兼)职环境保护管理人员人数满足施工环境保护工作要求 | 4 | | | |
| | | 2.施工组织设计中具备环境保护内容,完整的污染防治实施方案,并报送建设监理单位和环境保护监理单位审查 | 3 | | | |
| | | 3.将污染防治设施的管理纳入本单位管理体系,配备专门的操作人员及管理人员,建立健全岗位责任制、操作规程、运行和维护记录等各项规章制度,对污染防治设施的运行情况和排污情况必须做好记录,并建档管理 | 4 | | | |
| | 执行措施 | 1.按时保质报送环境保护各类计划、报表、总结、工作报告等文件 | 15 | | | |
| | | 2.召开的工作例会中包含环境保护工作内容,并进行记录 | 2 | | | |
| | | 3.按要求参加环境保护工作会议 | 2 | | | |
| | | 4.对施工人员开展环境保护宣传、教育和考核工作,并有记录 | 2 | | | |
| | 防治措施 | 1.编制环境污染事故的应急处理预案 | 2 | | | |
| | | 2.发生环境污染事故时,及时上报建设监理单位和环境保护监理单位,不得漏报瞒报,并进行事故的调查处理 | 2 | | | |
| | | 3.服从建设监理单位和环境保护监理单位下达的环境问题通知、环境问题整改通知单、停工整改令等,并使整改率达到100% | 7 | | | |
| | 资料管理 | 工程施工期间有关环境保护方面的资料(包括声像资料)必须进行归档,并执行有关档案管理制度 | 5 | | | |

续表1

| 类别 | 项目 | 环境保护工作项目 | 分值 | 自评分 | 考核分 | 备注 |
|---|---|---|---|---|---|---|
| 水环境保护（15分） | 施工废水 | 废水按环境保护主管部门指定的排污口排放,不得直接排入长江等水域,有关废水必须集中处理后达标排放 | 13 | | | |
| | 废油 | 加强施工中油类物质的管理,不得直接排放废油 | 2 | | | |
| 环境噪声控制（10分） | 施工系统 | 1.采用低噪声设备,对噪声、振动大的设备、机械采取降噪措施;加强设备的维护和保养 | 6 | | | |
| | | 2.在高噪声环境下的施工人员必须戴耳塞、耳罩等个人防噪声用具 | 2 | | | |
| | 车辆 | 车辆在敏感路段限速行驶,禁止使用高音喇叭 | 2 | | | |
| 空气质量保护（13分） | 施工 | 根据情况适当采用清洁生产方法施工,各类除尘设备要与生产同步使用 | 6 | | | |
| | 道路清扫 | 对项目施工场地道路进行清扫和洒水 | 3 | | | |
| | 机械车辆 | 1.安装使用尾气排放净化器 | 2 | | | |
| | | 2.对设备进行定期检修,维持良好的使用状态 | 2 | | | |
| 废物处置（8分） | 弃渣 | 施工单位对施工弃土、弃渣、生活垃圾等固体废物必须按要求分类弃至指定弃渣场,并做好弃渣场管理工作 | 7 | | | |
| | 危险品 | 施工单位对危险品的处理必须经过环境保护主管部门批准,由具备处置资质的单位进行处置 | 1 | | | |
| 人群健康保护（6分） | 环境卫生 | 1.安排专人对施工区及生活区进行打扫 | 2 | | | |
| | | 2.消毒灭害工作以生活区和施工区视情况每年进行一次 | 1 | | | |
| | | 3.施工区设临时厕所,并有专人打扫 | 1 | | | |
| | 健康防疫 | 1.建立健全卫生医疗保健和职工健康档案系统 | 1 | | | |
| | | 2.餐饮从业人员持健康证上岗 | 1 | | | |
| 合计 | | | 100 | | | |

被考核单位负责人签字：　　　　　　　　　　　　　　　　　　　（盖章）

考核组负责人签字：　　　　　　　　　　　考核时间：　　年　　月　　日

附件 2

_____年度三峡工程建设监理单位环境保护监理工作考核表

监理单位名称： 监理项目名称：

| 类别 | 项目 | 环境保护监理要求 | 考核底分 | 自评分 | 考核分 | 备注 |
|---|---|---|---|---|---|---|
| 环境保护管理（61分） | 管理体制 | 1.建立健全环境保护管理体制,负责环境保护工作的副总监理工程师、监理工程师职责明确,人数满足环境保护管理工作需要 | 4 | | | |
| | | 2.针对各施工项目编制环境保护监理实施细则 | 6 | | | |
| | | 3.召开的工作例会包含环境保护内容,并有记录;按要求参加环境保护工作会议 | 4 | | | |
| | 执行措施 | 1.安排监理工程师对施工现场适时巡查环境保护工作,并认真做记录 | 8 | | | |
| | | 2.发现环境问题时,及时发出口头及书面环境问题通知或环境问题整改通知单等指令,并督促施工单位认真执行,直至消除污染为止 | 8 | | | |
| | | 3.及时审查施工单位的环境保护工作报告、环境统计报表等文件,并提出审查意见 | 10 | | | |
| | | 4.各类监理工作报告中含有环境保护内容 | 6 | | | |
| | | 5.在施工单位发生环境污染事故时,及时上报环境保护主管部门和环境保护监理单位,并及时参加有关事故的调查处理 | 3 | | | |
| | 资料管理 | 6.对职工开展环境保护宣传、教育工作,并有记录 | 4 | | | |
| | | 环境保护工作资料(包括声像资料)按有关规定进行归档管理 | 8 | | | |
| 水环境保护（10分） | 施工废水 | 监督施工废水按环境保护主管部门指定的排污口排放,不得直接排入长江等水域,有关废水必须集中处理后达标排放 | 5 | | | |
| | 废油 | 加强施工中油类物质的监督管理 | 5 | | | |

**续表**

| 类别 | 项目 | 环境保护监理要求 | 考核底分 | 自评分 | 考核分 | 备注 |
|---|---|---|---|---|---|---|
| 声环境保护(5分) | 施工 | 督促施工人员在高噪声环境下使用防噪声用具 | 5 | | | |
| 空气质量保护(8分) | 施工 | 监督检查各类除尘设备与生产同步使用情况 | 5 | | | |
| | 道路清扫 | 督促施工单位对施工场地和运输道路进行清扫和洒水 | 3 | | | |
| 废物处置(11分) | 弃渣 | 监督施工单位对施工弃土、弃渣、生活垃圾等固体废物按要求分类弃至指定弃渣场,并做好弃渣场管理工作 | 8 | | | |
| | 危险品 | 监督施工单位对危险品的处理须经环境保护主管部门批准,由具备处置资质的单位进行处置 | 3 | | | |
| 人群健康(5分) | 卫生 | 1.监督施工单位定期对施工区及生活区进行打扫,消毒灭害;<br>2.监督施工单位餐饮从业人员持健康证上岗 | 5 | | | |
| 合计 | | | 100 | | | |

被考核单位负责人签字: (盖章)

考核组负责人签字: 考核时间: 年 月 日

# 附件 3

## _____年度三峡工程环境保护先进个人推荐表

| 姓名 | | 职务 | | 职称 | |
|------|------|------|------|------|------|
| 工程项目名称 | · | | | | |
| 所属单位 | | | | | |

先进事迹:

单位意见:

单位(章)

年　月　日

审核意见:

技术管理部(章):

年　月　日

批准:

工程管理部(章):

年　月　日

# 6 制定环境保护管理规章制度的感想

笔者通过调查研究和起草以上文件认为：

《三峡工程施工区环境保护管理实施细则》是根据 1994 年中国长江三峡工程开发总公司制定的《三峡工程施工区环境保护管理实施办法（试行）》，并结合长江三峡第三期工程的特点而制定的对施工区环境保护管理具体实施的基础性文件，是监理工作的行动指南。它强调了长江三峡第三期工程施工区环境保护监督管理的新体制，突出了环境保护监理模式，附加了建设监理单位环境保护监理业务。

长江三峡第三期工程施工区环境保护主管部门是三峡总公司工程建设部技术管理部，负责对施工区环境保护实行统一的监督管理，接受环境保护行政部门的监督、检查和指导。

长江三峡第三期工程施工区环境保护监理单位（简称环境监理单位）是长江水资源保护科学研究所，环境保护监理部办公室设在中国长江三峡工程开发总公司工程建设部技术管理部，接受其领导和管理。主要协助环境保护主管部门进行施工区环境保护部分管理工作。专业环境保护监理工程师主要在施工现场独立进行环境保护监督管理，在授权范围内通过工程项目部的配合，对工程建设监理工程师提出建议或下达指令，协助环境保护主管部门组织的施工区环境污染事故调查处理和工程竣工环境保护专项验收工作等。

长江三峡第三期工程建设监理单位（简称建设监理单位）是施工区直接的、具体的环境保护监督管理单位，接受工程建设部技术管理部的领导和环境监理单位的指导与管理，负责长江三峡工程环境影响评价报告书（表）中环境保护措施、环境保护初步设计、环境保护实施规划、施工合同环境保护设施（措施）条款等文件执行情况的环境监理工作。建立健全统一的环境保护监理管理体系制度，根据监理项目的具体情况，编制其环境保护监理实施细则，配备相应的环境监理人员，实行项目副总监理工程师—监理工程师二级管理体制，将施工合同条款、初步设计等文件中所有环境保护内容纳入监理工作范围，对施工活动实行全方位、全过程监理。

长江三峡第三期工程施工区各施工单位必须建立适合本单位的环境保护管理制度，实行项目负责人—职能管理部门—现场管理人员三级环境保护管理体系，配备环境保护管理人员，组织实施和检查三峡工程环境影响评价报告书（表）中环境保护措施、环境保护初步设计、环境保护实施规划和施工合同等环境保护内容。针对施工项目制订环境保护管理计划，并经环境监理单位审查报环境保护主管部门审批后方能施工。施工后，定期向环境监理单位报送施工环境保护内容的统计报表和年度总结。必须保证环境保护设施与承包项目同时施工、同时投入运行。

《三峡工程施工区环境保护管理实施细则》还规定：凡承担工程建设环境保护设施（措施）的施工、监理等单位，须从其承包合同经费中预提的质量保证金中划定 30% 的经费作为环境保护保证金。

《三峡工程施工区环境保护工作考核办法》的制定为三峡工程建设单位对监理、施工等单位环境保护工作的监督管理设定了法定依据，并在考核内容、考核形式、考核组织、评定结果和奖惩制度等方面都有据可查。考核工作由三峡总公司工程建设部技术管理部组织实施。

# 7　展望

近年来,中国对建设项目施工环境保护管理与环境保护验收提出了新的要求。为了适应新的形势,从整体上加强对施工区的环境保护,进一步完善环境保护管理体制,为工程竣工环境保护验收奠定基础,中国长江三峡工程开发总公司已在长江三峡第三期工程施工中建立了新型环境保护管理模式,并健全了与之配套的一系列环境保护管理规章制度。实践证明,《三峡工程施工区环境保护管理实施细则》和《三峡工程施工区环境保护工作考核办法》自 2006 年颁布实施以来,在长江三峡水利枢纽工程施工区环境保护监督管理过程中发挥了重大作用,不仅在长江三峡第三期工程建设环境保护管理中呈现的实用价值和充满效果,还为全国水利水电工程建设保护管理法制化首开先河,具有极大的推广运用价值。

管理上应以规章制度为主。规章制度是一种使用时间较长、应用范围较普遍的方法。

管理水平之高低,往往取决于机构的设置及职责规定是否得当,工作制度、程序和方法是否科学。

在环境保护行政管理体系和建设项目环境保护管理体系之外,还必须建立第三方管理体系——环境保护监理体系。环境保护监理系统具有社会性、专业性和协调性。

加强环境保护管理规范工作,可避免无序建设施工、环境保护设施浪费、措施重复等现象发生,既可充分发挥环境保护投资的作用,又可有效地使用环境保护经费;可有效解决施工期间造成的水土流失、物种灭绝、景观破坏等生态环境问题;也可预防环境污染事故的发生,避免生态环境破坏造成的经济损失。

# 第十一章　科技信息在环境保护等工作中的作用

## 1　信息社会

人类在适应自然的活动中,从古至今,经历了若干万年,终于使人类与自然和谐相处,共同发展。究其根由,完全是依靠科学技术的伟大能量,而科学技术的进步和发展,则必须依靠准确和灵通的科技信息。

文字的产生,特别是文献的产生和发展,为推进人类文明历史的发展创造了具有决定性的条件,而且也为而后图书馆的出现和信息工作的兴起创造了具有决定性的条件。

文献是在时间和空间方面继承和传播人类科学、文化知识和学说思想最灵活、最有效、最持久和最理想的形式。综观古今中外的文化、科学发展史,得出的结论是:没有文献就没有科学文化的继承与发展,也就没有人类社会的进步与发展。

战国末期,大商人吕不韦收养食客3 000余人,成为当时庞大的参谋团体。吕不韦指使智囊团成员们选取儒、道、名、法、墨、农、阴阳等各家的学说,加以综合,"假人之长,以补其短",汇编成著名的古代政治经济学说《吕氏春秋》,为秦国富民强兵的统治并一统诸强提供了思想武器和行动纲领。这就是发生在2 200多年前的学说信息工作的一次辉煌成就。

20世纪初,经济发达国家劳动生产率的提高,主要依靠的是劳动力和资本的增加,即所谓"粗放因素",其中依靠科学技术进步只占5% ～20%;而在20世纪末和21世纪,要提高劳动生产率,则60% ～90%要依靠科学技术进步,即所谓"集约因素"。可见,科学技术的作用越来越重大。

科技信息的获取、传递、加工程度,对一个国家或企业的经济发展以及取胜于激烈的竞争之中,都具有十分重要的作用。因此,人们已把信息与材料、能源一起,并称为现代文明的三大支柱。

当今人类已进入到信息时代和信息社会,而且正面临着两个巨大的挑战:

(1)无限的书籍、资料、信息对有限的阅读时间的挑战;

(2)呈几何级数膨胀的信息对人的固有接受能力的挑战。

## 2　信息的主要功能及种类

信息是通过人类活动产生的信息源、传递和汇编,并在人类信息演变过程中发挥使用价值的知识,是使人的知识、意志朝着一个预定的方向运动的信息。其主要功能为:

(1)帮助人们全面了解、认识自然和社会,并从中找到事物发展的规律,以便正确、有效地适应自然,发展社会,走上便捷有效之路;

(2)为人们揭示和宣传自然、社会科学的发展方向和最新成果;

（3）引导人们有效地利用已经成功的或失败的经验或教训，避免重复劳动或重犯错误，促进早出或快出工作成果；

（4）为国家、地区、部门、单位、个人等提供最优化规划或设计方案；

（5）为各级领导进行决策提供可靠的科学依据。

## 2.1　信息按功能和用途划分

（1）战略信息，即供领导决策和科学研究规划时参考的信息；

（2）战术信息，即对解决局部或某一领域中一些具体问题而提供的信息。

## 2.2　信息按加工程度划分

（1）一次信息，如科研论文、报告、消息等；

（2）二次信息，如文摘、索引等；

（3）三次信息，即对一次和二次信息进行再加工，如综述和述评等文献，而且在此基础上进一步提出新的观点和方法等。

# 3　科技信息对人类生产和生活的作用

现代人类社会进行的生产和生活活动，以及人类活动与大自然之间的相互作用，如大型水利工程系列对自然生态系统的影响，都离不开科技信息。

举世瞩目的葛洲坝水利工程在设计之初，长江流域规划办公室的有关情报人员就充分发挥了"参谋"与"耳目"作用。如在葛洲坝三江下游航道的宽度设计中，150 m 和 120 m 两种方案引起了争议，工程技术委员会通过技术情报室的咨询后，决定采用 120 m 方案，这样既保证了工程质量，又可少挖 120 万 $m^3$ 覆盖层，少浇筑 15 万 $m^3$ 混凝土，产生重大的经济效益，仅工程费用一项就可为国家节约 2 700 万元。

又如上海宝山钢铁公司在初期建设过程中，由于没有进行相关技术经济可行性和环境影响等评价和研究工作，曾造成较大损失。若事先能经过信息收集、分析和咨询研究，则可避免。

由此可见，探讨自然科学问题、社会发展问题、科研规划问题、开题攻关问题、生产技术问题等都越来越需要得到信息部门的帮助。搞好信息服务工作，则是领导决策科学化、管理现代化的需要。

因此，建立健全信息管理系统，是实现我国决策科学化，管理、科研、生产现代化的一项根本性的重要标志。

# 4　信息服务的发展

回顾历史，图书文献工作经历了四个发展阶段。

## 4.1　传统服务

这是一种以借阅（包括阅览和外借）为中心的服务。这在当今"信息爆炸"时代里，是远远不够和根本不能适应其要求的。

## 4.2　检索服务

检索服务是指图书馆、资料室、档案室等服务部门专业服务人员按被服务者特定的需要或目的,利用掌握的有关专业检索工具(如图书、资料目录、索引等),遵照规定的方法(如图书、资料分类法等)、步骤和途径,查找出所需要的文献或线索的服务过程。

## 4.3　咨询服务

咨询服务是指图书馆、资料室、档案室等服务部门专业服务人员为读者需求的有关知识或文献所遇到的疑难问题提供参考性解答。其工作程序为:接纳问题→分析研究→确定步骤→选定工具书→审核答案→提供成果→整理归档。

## 4.4　保证服务

保证服务是指图书馆、资料室、档案室等机构的服务模式,由传统的被动服务转变为主动服务,传统的开馆阅览、提供原始文献、进行检索指示情报源等,已逐步转变为智能服务,即进行信息加工、分析和评价,并将信息迅速转化为生产力。

如信息研究人员根据自己对有关科研或管理工作信息需求的了解,有针对性(或选择性)地、经常不断地主动向预约的有关科研、管理单位或部门传递信息,以及提供追溯性或当前必需的信息资料,使信息机构在最短的时间,以最快的速度最大限度地满足科研或管理部门对信息的需求。

图书馆学——研究文字、印刷品、出版物、文献资料,以及系统地收集、存储和提供这些文献资料的学问与工作。近些年来图书馆学也吸取并推行了信息学观点,发生了划时代的跃进,开发了包括将有关的文献资料输入到电子计算机中存储,并根据需求指令进行检索的技术,以及将这些检索系统与通信网络连接,可以远距离通过联机进行检索的网络系统等,将信息通过计算机和网络分析后提供决策依据。

随着电子计算机和网络事业的大发展,传统的图书馆、资料室、信息中心、数据中心等概念已发生了巨大变化。收集、传递、处理和传输信息的手段飞速发展。

据统计,世界上科技信息数量每年多达数千亿件,大约每 7 年翻一番,如此庞大的信息,已大大超过人们所能接受的能力。因此说,今日世界已处于“信息爆炸”的时代,是毫不夸张的。

进入 21 世纪,人们对信息的需求和依赖已超过任何时候,而且对信息的要求更高,即不再看其数量的多少,而是看质量的优劣。

据调查统计,世界上科技信息量虽然每年多达数千亿件,但其中半数左右(特别是一些国外的信息)经常鱼目混珠,混淆视听。因此,信息管理机构工作的重点应从信息的单纯收集,转移到信息的加工和有效的传播上,即注重信息的鉴别、整理、精练和综合。

例如,中国炼铝产业的废渣(红泥)每年可达数百万吨,一直就近排放到江河湖中,造成水土资源的严重污染,已成为社会问题。1980 年中国科学院成都分院信息研究人员在中国台湾地区《工业技术》杂志上发现“利用红泥和废聚氯乙烯、废机油制作红泥塑料”的信息,当即敏锐地判断出这是一则战略性情报。因为“红泥塑料”是一种寿命长、价廉易得的新型高分子复合材料,它与一般聚氯乙烯塑料相比,具有良好的机械、物理性能,优异的抗光、抗热老化性能,可变废为宝且成本低廉。在综合分析有关技术情报后,信息研究人员及时向有关部门提供了调研报告,此报告获得了很高的评价。因为聚氯乙烯是国内最大的一个塑料品种,但抗老化性能差,化工部早就想对其改良,但一直无从下手。信息部门同年还将有关技术向科研部门和化工厂推荐,经试验,一举成功,并不断推广应用。该项信息研究成果每年可产生数百万元的经济效益,随之带来的环境、社会效益更是不可估量。

# 5　科技信息的前景

许多科技发达国家,都把图书情报提高到前所未有的地位,并由政府统一组织、管理,从而也大大促进了科技信息事业的大发展。这是因为:

(1)图书、资料、情报等信息是发展社会、经济、科技的一种无形的财富,是人们取之不尽、用之不竭的宝贵资源,是构成生产力最活跃的因素。

第二次世界大战后日本经济迅速发展,主要原因之一就是其善于吸收和利用各国的信息资源,使本国的工业捷足先登,领导世界新潮流。

(2)无论是做管理、搞科研,还是生产生活,都只有在前人经验、成果的基础上再发展,才是最有效和最经济的。

历史经验证明:"科学研究是高价的,科研成果是昂贵的,而技术信息则是便宜的"。因此,搞好科技信息工作,将是"一本万利"的事业。

(3)在竞争日趋激烈的社会里,越来越体现出谁善于开发利用信息,特别是善于从对方获得最新信息,谁就可以丰富自己,并迅速赶上和超过对方。

中国要在2050年达到中等发达国家水平,就必须在科学发展观和可持续发展的引导下,加强科技信息工作的超前发展。

# 6　环境保护、水利事业依赖科技信息

为了使科技信息在中国环境保护、水利等事业中发挥更大作用,必须做到广、快、精、准。

## 6.1　广

广即广开信息渠道。随着现代科学技术的高速发展,学科众多,彼此又交叉渗透,综合程度越来越高。

如新兴的"环境水利"就不仅把水利资源的利用看成是一个工程问题,而且还看作是一个环境问题。一条河流的利用质量高低、一座水库的建设优劣成败、一项水利工程的效益大小等,不仅取决于它本身,而且还取决于它周围的环境;不仅取决于水,而且取决于土、林、农、工、社会、经济等条件。

比如长江流域规划办公室技术信息人员在大型葛洲坝水利工程设计过程中,搜集、分析、综合了国内外大量关于大坝和与其相关学科的资料文献。对于是否修建过鱼建筑物,他们借鉴了苏联人工繁殖和放养鲟鱼的成功经验,论证了可以不修建过鱼建筑物,只需在葛洲坝水利工程下游建立中华鲟人工繁殖场,就可达到同样效果,从而节约工程投资 3 500 万元,还可每年节约 2 334 万 kW·h 电力和 400 万元运行费用。实践证明,该工程实现了经济、环境、社会效益的三统一。

## 6.2　快

快即提供信息速度快。

当今,从世界范围看,科技信息资料传统的"手工"处理方法已远远不能适应科技发展的需要。近几十年来,特别是电子计算机和互联网技术的飞速发展,科技信息工作正在经历着技术上的一场革命,进入"科技信息—计算机分析—网络传输技术"三结合的新时期。

在中国水利系统中,如长江水利委员会、黄河水利委员会等科技信息中心都相继实现了科技信息网络化、科研情报电子化、科技咨询商务化,使其科技信息工作效率倍增,成果显著。

## 6.3　精

精即精到、精密、精益求精,既表现在信息来源上,又表现在信息应用上。

笔者在 20 世纪 80 年代主持的"全国水系污染与保护科技信息网"工作中,根据已掌握的有关大量文献资料,积极主动综述、编译出《水资源的合理开发》战略信息稿,该文根据中国国情(淡水资源日趋短缺且污染严重),提出了"开发第二水资源——城市废污水的治理及其回用"的新见解,并力求将其实用性、预见性和经济性有机地结合起来。该文已引起北方缺水地区有关部门的高度重视,并被规划部门提高到战略地位。

## 6.4　准

准指信息的科学性和可靠性。

面对中国的第一大河——长江有可能演变成第二条黄河的危险趋势,笔者根据黄河和长江流域的森林植被、洪涝灾害和水土流失等历史资料,撰写了一篇题为"黄河、长江的历史演变与森林和人类的关系"的文章,为各界(特别是环境保护、水利等部门)人士提供了一份具有科学性、可靠性的信息,并引起环境保护和水利等有关部门的强烈反响。

# 7　对科技信息工作的建议

## 7.1　改变工作传统

以往各单位都是把信息管理工作放在最不重要的位置,认为其可有可无,并将老、弱、病、残等人员安排在图书、资料、档案等信息管理部门工作。

其实信息工作是各项工作的最前沿阵地,担负着侦察兵的任务,是管理、科研、生产等部门的"耳目",古今中外,只要是智者、圣者都知道:谁先掌握第一手信息,谁就能最先达到制高点,谁就能胜利。

进入 21 世纪,特别是"信息爆炸"时代,信息工作更是各行各业的先驱者。

## 7.2　改变工作理念

信息研究部门应尽快扩展为咨询部门,变被动服务为主动挑战,迎接技术革命的新浪潮。

信息研究是通过调查分析,提供社会、自然科学水平的差距、现状和展望的背景资料,为管理、规划、设计、生产等部门发挥参谋、顾问作用。而咨询服务也是为这些部门及其领导者服务，两者的服务对象和任务基本一致。但不同的是，服务的深度有差异，如决策者在利用信息时，更多地是靠个人的吸收、理解和判断能力来发挥情报的作用；而咨询意见则比情报更深入一层，是直接为决策者提供可选择的意见、方案，然后由决策者去比较、选用和决断。

## 7.3　改进工作程序

尽快实现信息检索的机械化、电子化。科技信息每年有几亿件，而且年增长率达 12%。信息工作人员必须进行分类、分析、整理、归纳、评价、综述、存储、推荐、调用等。

## 7.4　改变工作方式

信息资料的传统"手工"处理方法已远远不能适应科技和社会飞速发展的需要。20 世纪 80 年代起，各种类型的数据库及信息网络的开发建设，已构成世界各国信息源开发的核心内容之一。中国起步较晚，20 世纪 70 年代中期才开始有计划地发展计算机情报检索系统，至 80 年代末才引进 52 种国外数据库磁带，在全国 30 个城市建立了 50 台国际联机检索终端；自行建立各种中文数据库约 40 个，开始了小范围服务。

20 世纪 90 年代初，中国才初步建成一个能连接国家情报中心、专业情报中心和地区情报中心的联机检索网络。

之后，出现信息检索全球联机化技术，该技术的先进性在于可以直接应用于信息检索和分析，信息用户在自己的办公桌上放上简单的终端，接通电子计算机和互联网络，便可搜索世界各地各部门收藏的文献库，而且所需要的资料不必摆满桌，更重要的是可以立刻得到答案。

进入 21 世纪，随着信息技术网络化、电脑设备微型化、通信快速云端化、手机搜索智能化和无线网络全球化等创新革命，信息检索、合成和再创新已无时无处不在，并与世界上每一个人都形影相随和不可或缺了。

## 7.5　改变工作形象

信息管理人员应成为人们获取各种知识、信息的参谋和顾问。

信息网点的布局及联网的合理性、经济性、系统性问题，专业队伍的建设及素质提高问题，开放性和保密性分别对待问题，以及国防化问题等一系列带根本性的战略问题，都有待深入分析研究，妥善处理，总目标始终是建立中国特色社会主义信息事业。

## 7.6　改变工作作用

协助广大管理、科研、生产等人员广、快、精、准地获得国内外各类信息，并吸收、消化、创新技术，在同行及市场中发挥竞争力，在检索选题、综合分析、译述资料、确定技术攻关课题、进行中小型实验、专利申请、技术转让、商务谈判等活动中，信息管理人员大有用武之地，能充分发挥"耳目"和"尖兵"作用。

## 7.7　改变工作效果

信息管理人员为各级领导干部当参谋、提建议，发挥智囊效果。要根据自己掌握的第一手信息和综合分析能力,随时向各级领导提供国内外相关信息,就能为领导形成决策、采取措施提供可行性的依据。

随着社会主义市场经济的发展,信息商品化的趋势也越来越明显。这就要求信息工作除继续为领导决策提供依据外,还要广辟信息成果交易市场,使信息成果迅速转化为生产力。此外,还要大力开展多种形式的信息交流服务。

## 7.8 改变工作制度

国家应尽快设立独立的信息工作管理部门和组织,并制定有关信息工作及其管理规则和制度。

引进和转化国内外先进的信息工作制度、方法和手段,迅速赶上世界先进水平。

## 7.9 改变工作法制

中国在信息工作、网络信息等方面历来存在立法不足的问题,特别是在信息安全、网络安全、运行安全、管理安全、保密安全等各方面都严重缺乏法制体系。

另外,在知识产权、信息服务、信息保护、信息打假等方面也存在法制漏洞。

# 8 展望

人类在生产和生活上对大自然的了解和适应世代相传,永无止境。因此,为其服务的科技信息工作,也正方兴未艾,并以其旺盛的生命力永葆青春。

信息咨询将与电子通信、国际互联网、计算机等结合起来,信息检索就像供水、供电那样公用事业化。现在,信息网络化、互联网+等已形成全球第四次工业革命,并成为各国经济社会发展的强大动力,推动着人类社会以前所未有的速度飞向新的历史高度。

展望未来,信息服务将随着卫星通信、数据库、信息网络化、互联网+等在全球各地开放,人们就能全部利用人类的所有知识、发明、智慧等,加速创造更辉煌的世界。

# 第十二章　环境保护咨询的重要性

## 1　咨询的渊源

"咨询"即征求意见，该词源于楚辞汉王逸九思疾世："纷载驱兮高驰，将谘询兮皇羲"，又三国志吴是羲传："太子敬之，事先谘询，然后施行"。可见，古人在办事时已经非常重视跟别人商议和询问了。

(1)咨询可以为人们揭示、宣传、反映社会科学、自然科学的发展动向和最新成果资料。

(2)咨询可帮助人们全面了解、认识自然，并从中找出事物发展的规律，以便正确、有效地适应自然。

(3)通过咨询，帮助人们扩大知识视野，引导人们有效地利用已经成功或失败的经验、教训，促进工作早出、快出成果。

## 2　咨询业的起源

咨询起源于中国。历史上的古代咨询，是统治者向下级官吏、门客或特设的官办咨询机构征询意见，以讨论某件事情可行与否，或回答如何行动为宜的政治活动。

如北宋真宗(赵恒)大中祥符年间(公元 1008～1016 年)，汴京发生大火，把他的皇宫烧毁了，他希望尽快修复，但当时条件所限，需要很多年才能实现。赵恒很着急，于是他采用重赏的方法，向全国咨询。他的部下丁谓提了一个很好的咨询意见，并承担任务，很快修复了皇宫。其计策是把皇宫门前的一条马路挖成沟，把汴河水引入沟内，变成人工运河，这样既可解决大量木材的运输问题，又可使其出土就地烧砖制瓦。另外，等皇宫修好后，其原被烧毁的破砖碎瓦和建筑垃圾再拿去填沟，又成了一条新路。

随着时代的发展和进步，咨询的含义也有了很大的发展和变化。今天所说的"现代咨询"，其实是第三产业的重要组成部分，其工作远远超出了上述水平，它要求咨询机构弄清别人委托事项的来龙去脉，探讨与其他事物的关联和发展前景，并做出理论分析，提出实事求是的优选方案；或经过论证，否定原议案，使委托人改弦易辙；或者别辟蹊径，指明方向，帮助委托人沿着最佳路径，一步一步走向胜利。因此，现代咨询的概念是，智囊团或思想库接受委托，就重大决策事项进行研究，提出科学的建议或比较方案，供委托人决策选择。

1800 年英国首创咨询业，目前有咨询企业上万家。如英国承办和参与海外工程的年收入为 340 亿英镑，而其咨询费用收入就有 4 亿英镑。

对现代咨询做出重大贡献的一个重要人物是美国前总统罗斯福。他执政时十分重视和运用专家进行咨询研究。如针对流经七个州，流域面积 10.6 万 $km^2$，而又土地贫瘠、水土流失严重、河水经常泛滥成灾的田纳西河问题，通过向全国有关专家咨询研究后，立即根据咨询意见成立了田纳西河流域管理局，并由国家组织大规模经济建设。还根据专家提议，制订长远规划，统筹考虑全流域的防洪、发电、航运、灌溉和农、林、牧、旅游业的综合发展规划，付诸实施后，既扩大了就业，又解决了水土保持等问题，成效显著。

总之,由于咨询机构的超脱性、独立性和客观性,咨询已成为一个专门的行业,并为社会积极提供智力成果。

# 3　咨询业的作用

## 3.1　协助决策者进行预测

一般决策者往往把主要精力用于解决当前迫切的问题,对于未来的发展趋势往往考虑不多。而咨询顾问的眼光和思路,一方面与决策者具有"同步性",另一方面与时代相比具有"超前性",能及早考虑和研究决策者没来得及想或没有仔细想的一些问题。

如埃及在20世纪70年代初,建成了世界上最大的水利工程——阿斯旺大坝。当初该国政府及水利专家仅根据能给埃及带来廉价的电力,并能控制水旱灾害、灌溉大片农田等几个单项目标进行规划设计,未进行多学科、多部门、多年代的咨询论证,以致在阿斯旺大坝建成以后没几年就影响了尼罗河流域的生态平衡。

首先,尼罗河的有机质大量淤积水库,使下游河床两岸的绿洲失去了肥源,土壤日趋盐渍化、贫瘠化,产沙丁鱼的渔场也毁于一旦。

其次,尼罗河出海口由于供沙不足,河口三角洲平原从向海外伸展变成了朝内陆退缩,使一批沿岸工厂、港口、军事设施等有陷入地中海的危险;另外,水库一带的活水变成了静止的湖泊,而且其出水水温骤降,农田作物不能适应。

最后,水库一带血吸虫发病率急剧增高等。

现在看来,建阿斯旺大坝虽然利大于弊,但如果能及早进行多方面、多领域的咨询探讨,这些弊端也许是完全可以预防和避免的。

中国的葛洲坝水利工程和三峡水利工程,就吸取了阿斯旺水利工程的经验教训,经过了长期的、多方面的专家咨询研究,并做了环境影响评价等咨询活动,使相关工程可以达到经济、环境、社会效益的完美统一。

## 3.2　为决策者提供方案、设计政策

决策之前,咨询机构的任务是从定性和定量两个方面提出一系列依据和方案。决策之后,则要协助决策者正确而适时地进行反馈和方案调整,当出现意外情况时,及时提供应变措施。

举世瞩目的葛洲坝水利工程在设计之初,对于是否修建过鱼建筑物问题曾引起了长时间的争议。工程技术委员会通过对科技信息机构的咨询,很快就得到了最优方案的设计。因为科技信息研究人员在搜集、分析、对比了国内外大量相关资料后,提供了苏联人工繁殖和放养鲟鱼的成功经验,论证了可以不修建过鱼建筑物,只需在葛洲坝下游建立长江中华鲟人工繁殖场,即可达到同样效果,从而节约了相关工程投资3 500万元,还可节约每年所需的2 334万kW·h电力和400万元的运行费用。几十年的实践证明,该方案达到了理想的效果。

## 3.3　服务范围

咨询业可服务于环境保护、政治、经济、土木工程、工业、农业、商业、管理、科技、教育和

法律等各个领域。

环境保护咨询属于跨部门、跨学科、跨行业、跨地区的综合性咨询。它包括：

（1）政策咨询，即充当国家环境保护政策制定发布机关联系广大群众的桥梁，解答有关环境保护政策的各种询问等；

（2）法律咨询，就环境保护领域而言，即宣传贯彻《中华人民共和国环境保护法》等一系列环境保护方面的法律、法规、条例、规定等，并解难答疑；

（3）技术咨询，即向咨询者提供信息，或代为联系或主持工程项目的环境影响评价、设计、安装、施工等单位；

（4）管理咨询，即解答涉及环境保护的各种管理问题；

（5）学术咨询，即讨论环境科学各专业理论研究的动态和较新的学术思想；

（6）学习咨询，即对基层环境保护干部学习专业知识予以指导；

（7）生活、健康咨询，即研讨环境因素与生活、健康之间的关系。

# 4　中国咨询业的概况

中国的咨询业是从 20 世纪 80 年代才开始的。

新中国成立初期，政府对经济建设中的重大决策问题是比较慎重的，注意调查研究和走群众路线，然后按民主集中制的原则决定。之后，特别是"文化大革命"时期，由于"左"的思潮影响，不重视科学，不重视知识分子，不尊重自然规律，不断出现决策性的失误，造成的损失和困难是巨大的。据统计，1949～1979 年，中国基本建设投资达 6 000 亿元，形成的固定资产只有 4 000 亿元，真正发挥作用的只有 2 000 亿元。又如，由于没有听取人口、经济学家马寅初教授关于控制中国人口增长的建议，全国人口由 20 世纪 60 年代的 6 亿人猛增到现在的 13 亿人。

中国历史上的"大跃进""大炼钢铁"等，造成国民经济比例的严重失调；"以粮为纲"毁林、填湖造田等，严重破坏了生态环境，都是切肤之痛的重大教训。

不少城市的规划建设上也存在很多失误。如在北京市的发展方向上，即把北京建成一个什么样的城市这个根本性的问题上，由于 20 世纪 70 年代"左"的路线影响，不顾北京市的政治特点和自然条件，片面强调发展重工业，要把北京建成一个以冶金、化工为主体，门类齐全、自成体系的工业基地，从而新建、扩建了一大批大型冶金、钢铁、重型机械、石油、化工等重工业工厂，因此加剧了北京市缺水、缺能源和用地紧张的矛盾，并由此严重破坏、污染了北京的生态与环境；而一些北京必需的文化、教育、生活服务等方面的城市基础建设却没有得到应有的建设和发展。

进入 21 世纪，北京市为了彻底整治旷日持久的环境污染问题、解决能源资源等问题和举办 2008 年第 29 届奥林匹克运动会，又不得不将首都钢铁公司等一大批重工业基地撤迁出北京市。

以上情况说明中国当时大部分人对咨询工作还缺乏认识，这也是长期闭关自锁、夜郎自大的结果。另外，由于管理体制上的弊端，决策部门往往以行政领导的经验和意志为依据进行工作，许多重大决策没有经过咨询机构的科学论证和研究，盲目性很大，故造成的各方面损失和浪费也是十分惊人的。

20 世纪 80 年代，随着改革开放，中国各地的咨询机构如雨后春笋般蓬勃兴起。从纵向和横向组建起来的各种各样的咨询研究机构遍及城乡各地,已基本上形成了一个多层次、多系统、多学科、多类型的咨询服务网络。据 20 多个省(自治区、直辖市)的统计,已建立咨询机构上万家,拥有专业咨询人员 5 万多人。

# 5　环境保护咨询范例

中国已有 20 多个省(自治区、直辖市)环境科学学会成立了环境保护咨询服务机构,其中有的已办成经济实体。另外,还有许多其他行业和关于环境保护工程和污染防治等民办咨询机构在工作,这些咨询单位和人员为中国环境保护事业做出了很大的贡献。

如南通市钟秀淀粉厂建厂 20 年来,浸泡玉米的工业废水一直排入附近河道,严重污染了环境。1985 年南通市环境保护咨询站科技人员应约查阅了许多污染防治资料,并经分析,提出了解决环境污染防治方案,经 5 个多月的反复试验,终于从工业废水中提取出宝贵的化工医药原料——菲汀,并经有关工厂加工成肌醇,出口到日本、美国、加拿大等国家,换取了大量外汇,仅淀粉厂废水提取有用物质这一项每年就可得到纯利 2 万多元,还根治了污染。真可谓一条计策救全厂,化害为利靠咨询。

又如山东沂源裕华修配厂积存的老大难问题——含氰废渣,曾长期困扰着该厂的生存与发展。原来该厂生产米筛的热处理过程中,采用了液体氰化渗碳处理工艺,每年要积存含氰废渣 1 t 多,含氰根量在 0.5% 左右。这种剧毒性废渣如不经过严格处理,会严重污染环境。该厂在百思不得其解的情况下,根据中国《环境》杂志上的一则“处理含氰废渣”的信息,立即向作者咨询,从而很快就获得了“利用碱性废水处理含氰废渣”的技术资料,使老大难问题立即化险为夷。

再如沈阳市用水量每日可达 130 万 t,全靠浑河北岸 480 km² 范围内的地下水供给。而此地区地下水层仅含水 10 亿 t,预计只能维持 10 年之久。大量开采地下水已引起地下水位普遍下降,平均下降 1 m,最多处下降了 6 m。况且,由于大量任意排放工业废水和生活污水,已使地表水和地下水资源受到严重污染,如地下水源的硬度超标率达 17%,酚超标率达 25% ~ 50%,市区水质由弱碱性变成了 pH ≤ 6.5 的弱酸性的井点数已达到 86%。

沈阳市有关部门在水资源日益缺乏和水环境又普遭污染的两难局面面前,不是就事论事,而是向环境保护科学研究、环境监测、环境工程等多家单位咨询研究,最后根据咨询得到的意见采用了“污水处理回用”策略,其既可增加水质稳定的水量,又比远距离调水工程量小、投资省,且分散独立,管理方便,还可使废污水排放量大幅度减少。

实施结果表明,其经济效益、环境效益和社会效益都十分显著(参见表 12-1)。

表 12-1　沈阳市化工行业开发水资源的方案比较表

| 方案 | 废污水的治理回用 | 开辟郎家新水源 |
|---|---|---|
| 水量(万 t/d) | 20 | 20 |
| 基建投资(万元) | 1 293.95 | 3 500 |
| 运行费用(万元) | 394.2 | 598.6 |
| 环境效益 | 减少废污水排放量 20 万 t/d | 增加废污水排放量 16 万 t/d |

长江水资源保护科学研究所也于 1986 年成立了环境保护科技咨询部,并充分发挥了多

学科、多专业、跨地区、人才荟萃、纵横联合的优势，积极开展了环境保护科技咨询活动。多年来，为几十个单位、几百个项目进行了环境保护咨询活动。

如 1986 年上海市政府为解决上海市污水排放问题，意向澳大利亚有关方面合作，采用澳大利亚东海岸污水海底喷排方式，以减少因建造污水处理厂而带来的占地、耗能等问题。上海市环境保护局为了验证该方案，针对上海市污水合流向长江口外高桥江段排放，且期望设计适当的扩散管系统达到 100 倍的初始稀释的适用性问题，通过向长江水资源保护科学研究所环境保护科技咨询部咨询（包括委托做水槽物理模型试验），很快就得到了令人满意的结果。1986 年底，上海市已根据咨询意见，并通过综合论证，全面实施了修订后的最佳方案。

包头市环境保护科学研究所自 1985 年以来，围绕环境保护咨询开展了很多工作。如包头市光华纯碱厂需新建年产 1 万 t 的纯碱厂，根据有关技术人员分析，纯碱厂的投产对环境影响最大的是蒸氨废液。因此，包头市环境保护科学研究所在接受有关咨询时，提出了两项解决问题的策略：

（1）在投产的同时，全部回收蒸氨废液；

（2）为提高经济效益，可适当利用环境的自净能力。据估算，若将蒸氨废液全部回收，尽管投资大致需 75 万元，但生产正常运行后，经济效益明显，可在短期内收回投资。

# 6　对环境保护咨询业发展的建议

## 6.1　新兴事业

环境保护咨询是一项新兴的环境保护事业。环境保护咨询是搞好环境保护及其他工作不可或缺的重要工作，而且环境保护咨询业属于能耗小、附加值高的知识策略性产业。因此，应该及早将其列入国民经济计划和社会发展计划，并作为优先项目得到资助，这样才能促进其发展和为国为民所用。

## 6.2　指导方针

环境保护咨询必须坚持"服务为主，质量第一"的方针。

## 6.3　超常发展

环境保护咨询工作是社会主义四个现代化建设事业中不可或缺的组成部分，而且是社会经济又好又快可持续发展的智囊团事业，必须超常规地充分开发和发展。

## 6.4　加强直辖市配合

加强各行业、各部门、各地区的环境保护咨询业及其工作的组织协调和配合工作，避免重复建设和无效工作。在立足于本地区、本行业、本部门解决环境问题的基础上，加强纵向、横向的咨询资源联合协作。

## 6.5　依法咨询

环境保护咨询工作是一项十分严肃认真的事情，必须依法办事。因此，不论项目大小，凡涉及经济责任问题的,都应一律实行合同制。

## 6.6　咨询特点

为协助环境保护部门落实"三同时"制度(即新建、改建、扩建的基本建设项目、技术改造项目、区域或自然资源开发项目,其防治环境污染和生态破坏的设施,必须与主体工程同时设计、同时施工、同时投产使用的制度),各环境保护咨询单位都应以环境监测、环境科学研究和环境保护工程等单位及其科技人员为主要技术力量,积极创造条件并认真开展环境影响评价工作。

## 6.7　主动服务

各环境保护咨询单位应积极投身于国家环境保护事业中去,主动为各企业、各工程提高经济、环境、社会效益献计献策。

## 6.8　信息支撑

当今世界各国无论是在战略咨询还是在战术咨询上出现的决策失误,往往是信息、情报不完备、不准确、不真实造成的。因此,没有准确的信息情报,咨询便是无源之水、无本之木。

环境保护咨询工作应与科技信息工作结合起来,积极开发信息资源,使环境咨询工作如鱼得水,准确可靠。

总之,环境保护咨询服务工作是调动科技单位和科技人员积极为社会多做贡献的很好形式,也是国家环境保护的战略要求。而环境科学领域又有很多难题需要广大人士去共同解决。但愿一切热心于环境保护事业的有识之士,都积极投身于环境保护咨询工作中去,并用自己的聪明才智为保护环境、造福后代做出最大的贡献!

# 第十三章　用新时代创新思想编纂
# 水资源保护志

## 1　方志的渊源

### 1.1　历史悠久的地方志

中国地方志也称方志，是代表一方的文字资料，是记载某一地区的自然、地理、社会、人文等历史和现状的综合著述，因此是地情、民情和国情的表达，被一并载入史册。

早在3 000年前的中国西周（公元前1066年至公元前771年）时期，就有"小史掌邦国之志，外史掌四方之志"的记载，有《郑志》《晋乘》《楚梼杌》等已失传的古方志（很遗憾，迄今尚无考古发现）。

在中国现存的史志文献中，最早描述地理景观的全国性区域志为《尚书·禹贡》，其作者不详，成书于战国时代（公元前475年至公元前221年）。

最早论述河道水系的《水经》，传说是西汉（公元前206年至公元23年）桑钦著的。

具有原始雏形的地方志是东汉建武二十八年（公元52年）袁康编修的《越绝书》。

最早的综合性地理专著为《水经注》，是北魏（公元386～534年）郦道元（公元460～527年）根据《水经》所作注，记述了大小河流1 252条。

最早的水利史也是初步成型的地方志，是唐开元年间（公元713～741年）的《沙州图经》。

### 1.2　史与志并蒂辉煌

"史"的成书也很早，由于有了"志"的成就，更促进了它的成长和迅速成熟。中国最早的编年史《左传》（《春秋左氏传》《国语》），是左丘明（公元前6世纪中期至公元前5世纪）撰著春秋时代（公元前770年至公元前476年）自鲁隐公元年（公元前722年）至鲁哀公二十七年（公元前468年）共计255年的史事。孔丘（仲尼，公元前551年至公元前479年）也依据鲁国史官所编史料加以整理修订而成同名《春秋》242年的历史（起始年份同《左传》）。最早的纪传体通史《史记》（《太史公书》），由西汉司马迁（公元前145年至公元前86年）撰。最早的纪传体断代史《汉书》，由东汉（公元25～220年）班固（公元32～92年）撰。"史"和"志"相互渗透借鉴，后世的方志体例大多由《史记》和《汉书》演化而来。

### 1.3　地方志的性质及功能

纵观上述简略史实，可见我们中华民族历来就特有"国史、方志、家谱"编修的优良文化传统，渊源久远。而且史志也是中国极其宝贵的历史文化遗产。据统计，现存全国地方志总数达 8 100 多种(现存中国台湾地区部分及大量流失日、美等国的在外)。其中清代占 69%,计 5 587 种,并拥有著名方志学学者顾炎武、章学诚等。在封建社会,历代统治阶级对编修地方志十分重视,认为它是"辅治之宝""治天下者以史为鉴,治郡国者以志为鉴"。

地方志是社会科学的组成部分,是其分支——方志科学,但具独立性且有别于历史学。学者对方志的立论、属性、功能和体例的观点不同,在清代有纂辑派(旧派,以李文藻为代表)和撰著派(新派,以章学诚为代表)。新中国成立后学术界将方志学属性问题大致分为三种学说:①史学说,认为方志属信史,是史学范畴;②地学说,认为方志即地理沿革的考证;③百科学说,认为方志是地方百科全书。这都是仁智所见,各具特征。其实,方志具有史、地及自然科学的内涵,是诸学科的边缘学科。

方志是以现实资料为中心主题,反映事物的发展规律。新编地方志既是物质文明、政治文明、精神文明(简称"三个文明")建设的一个重要组成部分,又是为"三个文明"建设服务的:①为经济建设提供可靠的历史资料,供人了解国情、地情和民情;②为对群众进行爱国主义教育、社会主义思想教育提供生动的乡土教材;③了解并研究历史经验教训,以资借鉴和改革。因此,方志起着资治、致用、教化、存史,继往开来,垂鉴后世的重大作用。

## 1.4　盛世修志

中国共产党历来十分重视中国的史志工作,早在 1941 年 8 月 1 日《中共中央关于调查研究的决定》中提出"收集县志、府志、省志、家谱,加以研究"。1958 年 3 月毛泽东主席在成都会议上倡议"全国各地要修地方志"。同年周恩来同志在《关于整理善本的指示》中指出:要有系统地整理县志及其他书籍中的有关科学技术资料,做到"古为今用"。20 世纪60~70 年代"文化大革命"期间,史志工作受到严重干扰,被迫停止。

中国共产党的十一届三中全会以后,中国走上建设中国特色社会主义道路。地方志编修工作进入了"盛世修志"新时期。1980 年中共中央发出十六号文件,要求"研究档案内容,汇编档案史料,参加编史修志"。全国人民代表大会五届五次会议通过的《中华人民共和国国民经济和社会发展第六个五年计划》把编修地方志列为其中的一个项目。

1981 年成立了中国地方史志协会,名誉会长为王首道和曾三同志,会长为梁寒冰。2012 年,经国家民政部批准,中国地方志协会更名为中国地方志学会。2015 年第六届中国地方志学会由李培林担任会长,赵芮、冀祥德、刘玉宏、邱新立、杨洪进、隋岩、方未艾、潘捷军、刘爱军、文坤斗、廖运建等担任副组长。

1983 年还恢复了"中国地方志指导小组",组长为曾三,副组长为梁寒冰、韩毓虎。2013 年第五届中国地方志指导小组由王伟光担任组长,李培林、江小涓、任海泉、杨冬权等担任副组长。全国各地积极开展了修志工作。

# 2　《长江志·水资源保护》编撰经历

## 2.1　任务下达

根据中国水利电力部 1982 年 7 月 9 日转发《水利史志编志工作座谈会纪要》的精神,经长江流域规划办公室(现名长江水利委员会,简称长江委)党委研究,于 1982 年 8 月设立了《长江志》编纂委员会筹备委员会。1984 年 3 月《长江志》编纂委员会(以下简称编委会)成立,《长江志》编纂工作正式展开。编委会几经改组:第一届(1984~1991年)49人;至今第五届(2001至2017年)75人(详见出版篇目,下同)。

《长江志》是以长江流域自然区域为范围,以河流治理与流域水资源开发利用为中心,以当代长江水利建设为重点,兼及有关自然、地理、人文、社会和经济的江河专志。全志七卷,共计25篇,分订23册出版。

## 2.2　主要内容

水资源保护篇是《长江志》第四卷"治理开发"(上)的第六篇,列为第16册出版,由长江委长江流域水资源保护局(简称长江水保局)承担编写。在20年的艰辛编撰过程中,精益求精,众志成城,发挥了集体创作的优势,渗透和凝结了长江委人的心血与情感。2004年由中国大百科全书出版社作为国家"十五"计划期间重点系列图书正式出版付梓,于2004年3月与广大读者见面,实现了几代长江人的心愿。

水资源保护篇下设五章:①"概述",介绍长江水资源保护机构及事业、面临的问题等;②"水资源保护规划",介绍干流及江段、支流、湖泊、区域以及长江片等的规划;③"水质监测",介绍流域、部分省(自治区、直辖市)水质监测、水质综合评价、水质监测船的研制和运行等;④"水工程环境影响评价",介绍重大工程、流域规划、典型工程、可行性研究等环境影响(或回顾)评价;⑤"管理与法规",介绍水资源保护管理、法规与标准、水污染综合防治等。本篇力求反映流域水资源保护的情况、发展历程、主要成就及经验教训。

## 2.3　编纂经历

水资源保护篇的编撰过程漫长而曲折:1984年《长江志》总编室统筹,将长江水资源保护工作历程作为《长江志》第四卷第五篇第二章,篇幅要求2万字。1993年8月水资源保护章经初审,决定将第五篇改名为水环境保护与评价篇,下设三章。1994年4月,《长江志》统纂小组修订《长江志》出版篇目,将水环境保护与评价篇改分为水土保持篇和水资源保护篇。同年5月、6月两次复审,最后确定当前出版的五章篇目。1995年8月长江水保局郑重聘任主编及副主编,抽集专业人员分章节开展扩写工作。但在组织上未设立编委会和编辑部,所有编写人员都属兼职,基本是"业余"工作。1998年11月完成24万字的复审稿。

2000年1月,复审的专家认为本篇很重要;复审稿基本满足初审意见;篇目结构较为合理,内容丰富,基本反映了流域水资源保护的情况、发展历程、主要成就及经验教训。经《长江志》总编室确定,终审稿的篇目再进行局部调整,并由副主编着手进行送审稿的编写工作。为此在调整篇章结构的同时,大量更新内容和增加流域各省、市水环境与水资源保护工作成果。随着长江流域水资源保护工作的不断深入,形势日新月异。同年11月决定再次进行扩充编审,与时俱进。经1个月的审改,完成40多万字的送审稿。

2001年4月,《长江志》编委会召开了本篇送审稿研讨会,对其内容的扩充、修改和有关章节的协调等又进行了统稿和统纂。同年8月提出了本篇的终审稿(约50万字)。随后的两年时间两位主编开始统纂、补充、校订、出版、校样等工作。统观本篇编纂全过程,在党的正确指引、领导重视下,参加编撰的同志们利用业余时间,用"四心"(忠心、信心、细心、耐心)对待编撰工作,执着敬业,认真负责,无数次地反复修改、核实,数不清的晨曦灯昏、日日夜夜,齐心协力,克服困难,千锤百炼,20年磨一剑。

水资源保护篇的章目从小到大,内容从简加丰,篇幅由少变多,编写周期从短到长,撰写队伍也逐步扩大增强(先后累计 25 人,百余人次),审查评价自低而高,充分反映了编写工作的艰巨和长江水资源保护事业的发展壮大。

# 3　新方志的编修原则

胡乔木同志说:要用新的观点、新的方法、新的材料继续编写地方志。新的地方志要比旧志增加科学性、现代性。因此,要立足创新,必须融思想性、科学性和现实性于一体。我们的指导思想是马列主义、毛泽东思想、邓小平理论、"三个代表"重要思想,这与旧志更有本质区别。

水利部原副部长敬正书在都江堰市召开的全国江河水利志工作会议上指出:做好江河水利志工作是党和国家赋予我们的重大任务,是贯彻"三个代表"重要思想的具体体现,是促进传统水利向现代水利、可持续发展水利转变的重要基础。要坚持实事求是、对历史事业和子孙后代高度负责的原则,重视志书质量。

地方志包含专业多,涉及面广。编撰地方志是一项大的系统工程。江河志、水利志记载了江河水利不同历史时期的发展变化和它的规律性,对我们的事业是继往开来,对后代是水利水电建设宝鉴。记载江河变迁、描述水利建设、讲评经济发展经验教训是江河水利志工作的本职和根本要求。研究上述志书编修理论,结合编纂《长江志·水资源保护》的实践经验,笔者认为志书的编修应该遵循和发扬以下几个原则。

## 3.1　树立为人民服务的宗旨

毛泽东同志教导我们:应该牢牢树立"人民群众是历史的主人"的观点,全心全意为人民服务。我们在党的领导下编修新方志,目的很明确,即为社会主义建设服务,为"三个文明"建设服务,为四个现代化服务,也就是为人民服务。编修新方志是建设中国特色社会主义的迫切需要,有着重要的现实意义和深远的历史意义。因此,为人民服务就是我们编修新方志的宗旨。

长江是典型的雨洪河流,历来洪灾严重。长江又有"黄金水道"的美称,在国家社会、经济发展中起着重大作用。长江水利开发与社会经济发展关系密切,特别是 20 世纪 70 年代以来,国家经济建设飞速发展,工农业全面兴盛,同时又带来"废水、废气、废渣"污染的负面影响,生态环境日益恶化。我国的环境保护工作起步较晚,长江流域水资源保护从 1976 年正式开始。环境保护是我国的基本国策,水资源保护是其重要组成部分。本篇的编撰任务重、关系大,要反映长江流域水污染的重大问题,也是为解决我国三大水问题之一,关系到国计民生及经济可持续发展战略。在编撰中,我们抓住开发治理的变化发展过程、人类活动的人为因素及因果关系,利用丰富翔实的第一手资料,科学性和现实性地、重点突出地做到总结经验,经世致用,为人民服务。

## 3.2　坚持历史唯物论的观点

马克思在《政治经济学批判》序言中有"社会存在决定社会意识"的不朽名言。由此引申出经济基础决定上层建筑、生产力决定生产关系的观点。这是一条十分重要的基础性理论,是与唯心论相对立的根本性原则。

列宁曾指出:唯物史观是唯一科学的历史观,是唯一科学的说明历史的方法。因此,我们在修志中坚持马克思主义理论作指导就是要用辩证唯物主义和历史唯物主义的观点、方法来研究、观察历史和现状。

毛泽东同志经常说,马克思主义只是为我们提供了解决中国革命的理论和实际问题的立场、观点和方法。因此,立场、观点、方法包含许多基本原理,这些基本原理又在吸收新的科学成果中不断充实和发展。

在水资源保护篇编撰工作中,研究了长江水污染问题的发生和发展,是由于工农业无序开发、废污水排放失控与叠加的动态变化的水污染扩散危害之间的因果规律,人为因素起着主导作用。正本清源,应从管制人的不法行为入手,也就是:①国家补充修订有关法规,强化法制;②实行机构改革,加强管制。

在法制建设方面,中国曾先后颁布了《中华人民共和国环境保护法》《中华人民共和国水污染防治法》《中华人民共和国水法》《中华人民共和国水土保持法》《中华人民共和国防洪法》《中华人民共和国河道管理条例》等与水利、水污染防治有关的法律、法规。但是立法不够健全,常跟不上形势发展。在管理上又没有形成科学的流域性统一管理的有效机制。"多龙管水""无作为管理""不作为管理"的现象普遍存在,所以效果不尽如人意,严重的水污染事故时有发生,屡禁不止,甚至对人民的身体健康影响很大,甚至对人民的生命形成威胁。

## 3.3　遵循实事求是的法则

关于"实事求是",按照毛泽东同志的科学解释,"实事"即客观事物,"求"即探求,"是"即规律,所以"实事求是"就是探求客观事物的固有规律。

邓小平同志一再强调的是"解放思想,实事求是""从实际出发""科学技术是生产力""尊重知识,尊重人才""建设具有中国特色的社会主义""经济建设和精神文明建设同时抓,两手都要硬""坚持四项基本原则""四化是根本任务""一国两制"等。邓小平同志领导我们党坚持理论联系实际的优良作风,首先是"实事求是""从实际出发",这是完成"三个文明"建设的根本法则。

恩格斯说:"唯物主义历史观及其现代的无产阶级和资产阶级之间的阶级斗争的特殊应用,只有借助于辩证法才有可能。"实事求是地编纂新方志,就是要反映本地区自然和社会的真实面貌,反映各项事业发展的固有规律,也只有借助于辩证法,因为自然和社会本来就是按照辩证规律发展的。要用发展的观点编纂地方志,要辩证唯物地分清历史的是非功过,实事求是地权衡得失利弊,正确地反映历史经验教训,以垂鉴后世。

长江流域水资源保护工作虽然起步较晚,但有关的水文测验选点布站工作早在20世纪50年代就已开展。1992年已有30多项常规监测项目,累积水质监测数据800多万个,建立了计算机水质数据库,并逐年对水质进行了分析,资料丰富,为编纂本篇奠定了最基本的资料数据基础。但在如此浩繁的资料数据中,首先必须进行甄别、筛选,要用历史唯物主义、辩证唯物主义的观点搜集、整理、分析和处理,去伪存真、去粗取精,采用可靠的、有代表性的资料数据。当来自不同单位的数据不一致时(因特殊情况如不同时段、左右岸别等),为了维护志书的特点——真实性和客观性,篇中保留并列。对待历史事件和现实情况,实事求是地分析,分清是非功过,正确地评价和反映历史经验教训。因为自然和社会都是按照辩证规律发展的,人力难以抗拒。

### 3.4　贯彻"三个代表"重要思想

　　江泽民同志创造性地提出"三个代表"重要思想。这是对马列主义、毛泽东思想和邓小平理论的继承、概括、发展和理论创新,具有重大的理论意义和现实意义。应贯彻体现到各项工作中去。

　　"三个代表"重要思想的科学内涵是:我们党要始终代表中国先进生产力的发展要求,就是党的理论、路线、纲要、方针、政策和各项工作必须努力符合生产力发展的规律,体现不断推动社会生产力的解放和发展的要求,尤其要体现推动先进生产力发展的要求,通过发展生产力不断提高人民群众的生活水平。

　　我们党要始终代表中国先进文化的前进方向,必须努力体现发展面向现代化、面向世界、面向未来的,民族的、科学的大众社会主义文化的要求,促进全民族思想道德素质和科学文化素质的不断提高,为我国经济发展和社会进步提供精神动力和智力支持。

　　我们党要始终代表中国最广大人民根本利益,必须坚持把人民的根本利益作为出发点和归宿,充分发挥人民群众的积极性、主动性、创造性,在社会不断发展进步的基础上,使人民群众不断获得切实的经济、政治、文化利益。

　　21 世纪新时代的方志需要由我们新一代人来谱写完成。为实现中华民族的伟大复兴而奋斗,应弘扬科学精神和创新精神,实施科教兴国战略。要求求真务实,开拓创新。要坚持解放思想、实事求是,不断前进。

　　水资源保护篇在章目体例、选题取材、分析立论等方面,创新辑论史无先例,难度很大。经多次讨论,反复修订,最后定为现在出版的五章及众多新的节目。其项目齐全、结构合理、内容丰富、脉络清晰、特色鲜明、观点明确、评价客观公正,融思想性、资料性、科学性、现代性为一体,如实地反映了长江水资源保护的发展过程和重大历史事件。当然,在努力创新的前提下,并不排除传统的科学体例及编撰技法,如"横排竖写""详独略同""详略得当"等,古为今用。

## 4　实践经验

　　《长江志·水资源保护》的编写始于 1984 年,成于 2003 年,笔者早期参加工作竟其始终,二十年沧桑七千三百日,几经周折,多少人力投入,换来洋洋洒洒 50 万字稿页。手捧 500 页志稿沉甸甸,回首走过的艰辛历程,不禁潸然泪流双颜,心潮澎湃,热血沸腾,万语千言,且谈心得经验:

　　(1)领导重视,指导及时。志书编纂工作一开始,《长江志》编委会及其以下各级领导都十分重视,积极指派人员,布置工作,并及时检查、指导和解决问题,制定总的体例,要求各篇章协调一致。每当编撰范围扩大、工作任务加重、要求提高的关键时刻,能承担重任,当机立断,下决心另起炉灶,推倒重来,或在原基础上扩展加高。取得成功的诸多因素中,党的领导是保证成功的第一条,领导重视、指导及时是成功的保障。

　　上述做法符合中央对编修地方志确定的"一纳入,五到位"的工作要求,即把修志工作纳入社会经济发展计划和各级政府的任务中,做到领导到位、机构到位、经费到位、队伍(特别是职称)到位、条件到位。

（2）班子健全，众志成城。参加撰写的人员，都是领导遴选的各专业富于责任心和事业心的积极分子，能团结群众、擅于打硬仗的骨干。正、副主编与群众打成一片，既是负责人，又是执笔的编写者。

无论是国家大事还是战役战斗，当政策方针决定以后，干部队伍就是成败的决定因素，小到志书编撰任务也不例外。这就是邓小平理论所指出的"知识分子是劳动人民的一部分""科学技术是生产力"。

（3）专项分工，左右联通。环境保护是中国的基本国策，水资源保护是环境保护的重要组成部分。我国的环境保护工作起步较晚，水资源保护在我国尚属一项新兴事业。1976年长江水源保护局成立，才展开工作。

长江是中国第一大河，世界第三大河，有得天独厚的水资源优势，但因人口增长、经济发展、城市化和城市扩大等原因，近年来出现水资源紧缺和水污染日益加剧的严重问题。

由此可见，本篇的编撰是史无前例第一记，无例可借，无史可鉴。而本篇的内容涉及面广，联系的事多，综合性强，分属的专业细。因此，必须分工、分头进行，但又不分断，而是左右联通，密切联系，相互通气。

（4）层层把关，发扬专长。由《长江志》编委会下达的各阶段编撰的成果，首先要交正、副主编审稿，群众讨论，修改补充，再送主管领导审查，并提交《长江志》编委会组织专家开会审稿。根据会上提出的问题意见，再进行修改补充，如此反复多次，由初审、复审和终审最后定稿。因此，在编定送审的过程中，必须层层把关，发扬每个工作人员的专长，使工作尽可能完善。

（5）步步为营，扎实进行。修志是一项大的系统工程，就水资源保护而言，所包含的内容、专业及相关学科很多，涉及面广。要面面俱到，则需花大气力，扎扎实实地进行，来不得半点虚夸。

修志存在继承和创新两大问题。所谓继承当然不是单纯地承袭，或依样画葫芦，而应该批判地继承；至于创新绝不是空中楼阁或无源之水，而是在继承基础上的创新。因此，在修志工作上，应步步为营，边实践边改进，向创新的目标奋进。

（6）资料甄别，慎重落实。俗话说："巧妇难为无米之炊"，资料是修志的根本条件和基础，特别是第一手材料。要有目的地收集资料，所以应事先订出收集资料的纲目和计划。编撰新方志必须用历史唯物主义、辩证唯物主义的观点搜集、整理、分析和处理新旧资料、现实情况和历史事件。旧资料要批判地研究对待。

长江水资源保护的资料汗牛充栋，监测数据多如牛毛。所收集到的文字资料都应追根溯源和甄别，去伪存真，对所引用的数据应核实、筛选，取其具有普遍性、代表性的，目的是保持资料的真实性、可靠性和客观性。

（7）纵横交错，首尾相连。地方志具有纵贯古今的系统性、横向联系的全面性、内容丰富的科学性以及先进的时代性。社会事物错综复杂，纵横交错，而编撰工作又是分专业、分头进行的，因此编撰的史料交叉重复经常发生，要么形成真空，发生遗漏。为了防止遗漏，避免重复，首先要明确编志是按事业分类，而不是按行政管理体制所墨守成规的业务范围进行著录，故应具有全局观点。不同专业的同志必须紧密磋商。

（8）"四边"开花、"四心"保驾。在本篇长达20年的编纂过程中，最初由1人在《长江水资源保护局大事记》（主要内容已融入《长江志·大事记》）的基础上编写初稿。几经调整改组,编写者逐步增多,最多时达到 17 人。编写中日常的修改,不在话下。而推倒重来的大变动或更新内容、调整扩充,也不下四、五次。我们采用"四边"的编撰方法,即边撰边审、边改边纂,提高了质量和工作效率,收到良好效果。

在有限的业余时间里,同志们为完成任务,常夜以继日辛勤劳动,任劳任怨,百改不厌,精益求精,无私付出。为党和人民的事业奉献耿耿忠心;为实现中华民族的伟大复兴坚强信心;为文化昌盛,编好水志,工作加倍细心;为建设中国特色社会主义,勇于负重,不怕艰辛坚定耐心。

(9)因果维先,因事系人。以事系人、惩前毖后,是本篇编撰采用的法则之一,由于要反映历史的是非功过和经验教训,就不免加以评价和论断。这时要求编撰者要尽量避免抽象的议论,应寓论断于叙事之中。辑录的评论或断语,要具有客观的真理性,要排除武断偏见或违背马克思主义的评论或断言。要收集和记载人民群众对人对事的评论。总之,以事系人,是根据事故的重要性及其影响大小而定,完全是为了惩前毖后,作为历史教训,垂鉴后世。我们在编撰中贯彻"实事求是"精神,务求编撰者的主观努力符合客观实际,因此首先要全面正确地了解当地的人和事的历史与现状。

(10)群众路线,民主会审。"一切为了群众,一切依靠群众,从群众中来,到群众中去"的群众路线是行之有效的工作方法。在编志工作中,我们采取了阶段性编撰成果的及时评审和定期例会制度,凡是有关同志全都参加,发扬民主作风,畅所欲言,提出自己的看法、认识和意见。有分歧意见,则进行讨论和辩论,寻求统一,如果一时不能统一,则暂时不做结论,而是再进行调查、调研、勘察、论证和研究,必要时再开会评审,仍不能统一时,则由主编决定采取"求大同、存小异"或"异义同存"的处理办法。

群众路线方法的运用,可以减少和避免工作中的主观、片面和错误,提高了工作质量,使工作横向沟通,并能使工作同志间相互了解,增加认识,交流经验,提高工作能力和效率,加强工作责任感,又通过无形的批评、表扬,促进工作热情,鼓舞士气,一举数得。

# 5　展望

江泽民同志指出:"有中国特色社会主义的文化,是凝聚和激励全国各族人民的重要力量,是综合国力的重要标志。它渊源于中华民族五千年文明史,又植根于有中国特色社会主义的实践,具有鲜明的时代特点;它反映中国社会主义经济和政治的基本特征,又对经济和政治的发展起巨大促进作用。"这段话完全适合史志编修工作。地方志是中国特有的、悠久的优良文化传统,对研究中国的政治、经济、军事、文化、科技等的历史,是宝贵的参考资料。对古志书,我们应批判地继承。编撰新方志是时代和历史赋予我们的重要使命。要用新观点、新思想、新内容推陈出新编新志,加以发扬光大,为"三个文明""四个现代化"建设服务。

地方志是一门独立的学科,它兼具史、地之长和自然科学的内涵,是一种跨学科的边缘学科,也是社会科学的一个分支。编纂新方志必须以马克思列宁主义、毛泽东思想、邓小平理论和"三个代表"重要思想为指导,实事求是,调查研究,真实地反映本地区各方面的历史和现状,力求思想性、科学性和资料性的统一。

江泽民同志指出:"创新是一个民族的灵魂,是一个国家兴旺发达的不竭动力,也是一个政党永葆生机的源泉。创新,包括理论创新、体制创新、科技创新及其他创新。"所以,"全心全意为人民服务、立党为公、执政为民"和"创新"是"三个代表"重要思想的核心。我们在编纂《长江志·水资源保护》的工作中,朝上述指示方向努力地做了,但还很不够,仍需继续努力。根据水利部 2001 年 7 月下发的修志工作通知,要求在 2006 年前完成第一轮修志工作。我们算是提交了一份厚重的答卷,谨献给领导、专家、学者及同志们,诚恳地企盼着你们的审查、检验和评判。

# 第十四章　公民预防污染、保护环境文明行为倡议

(1)节水为荣——随时关上水龙头,别让水空流。

中国是世界上 13 个贫水国家之一,淡水资源还不到世界人均水量的 1/4。全国 600 多个城市中半数以上城市缺水,其中天津、大连、北京等 110 个城市严重缺水。地表水资源的稀缺造成对地下水的过量开采。20 世纪 50 年代,北京的水井在地表下约 5 m 处就能打出水来,现北京 4 万口井平均深达 49 m,地下水资源已近枯竭。

(2)监护水源——保护水源就是爱护生命。

据环境监测,中国每天约有 2 亿 t 污水直接排入水体。全国七大江河(松花江、辽河、海河、黄河、淮河、长江、珠江)水系中一半以上河段水质受到污染。35 个重点湖泊中,有 17 个被严重污染,全国 1/3 的水体不适于灌溉。90% 以上的城市水域污染严重,50% 以上城镇的水源不符合饮用水标准,40% 的水源已不能饮用,南方城市总缺水量的 60% ~ 70% 是水源污染造成的。

(3)一水多用——让水重复使用。

地球表面的 70% 是被水覆盖着的,全球水的储量很大,约 14.5 亿 $km^3$,但其中淡水不到 2%,而且其中 85% 还是固体冰川。能被人类利用的约为 0.3%,包括地下水、土壤水在内的淡水湖泊及河流等淡水资源,总共只有 400 多万 $km^3$。

(4)阻止滴漏——检查维修水龙头。

据水务部门专门对"滴水"进行测试,1 个小时内可以集水 3.6 kg,1 个月可集水 2.6 t,这个水量足以保证一个人 1 个月的生活所需。如果滴水连续成线形的小水流,1 个小时可集水 17 kg,1 个月可集水 12 t。

据 2014 年资料,中国每年跑冒滴漏的自来水约有 150 亿 t。

(5)慎用清洁剂——尽量用肥皂,减少水污染。

大多数洗涤剂都是化学产品,洗涤剂含量大的废水大量排放到江河里,会使水质恶化。长期不当地使用清洁剂,会损伤人的中枢系统,使人的智力发育受阻,思维能力、分析能力降低,严重的还会出现精神障碍。清洁剂残留在衣服上,会刺激皮肤发生过敏性皮炎,长期使用浓度较高的清洁剂,清洁剂中的致癌物就会从皮肤、口腔处进入人体内,损害健康。

(6)关心大气质量——别忘了你时刻都在呼吸。

全球大气监测网的监测结果表明,北京、沈阳、西安、上海、广州这五座城市的大气中总悬浮颗粒物日均浓度分别在每立方米 200 ~ 500 μg,超过世界卫生组织标准 3 ~ 9 倍,被列入世界十大污染城市之中。

(7)随手关灯——省一度电,少一份污染。

中国以火力发电为主、煤为主要能源的国家。煤在一次性能源结构中占 70% 以上。如按常规方式发展,要达到发达国家的水平,至少需要 100 亿 t 煤当量的能源消耗,这将相当

于全球能源消耗的总和，煤炭燃烧时会释放出大量的有害气体，严重污染大气，并形成酸雨和造成温室效应。

（8）节用电器——为减缓地球气候变暖出一把力。

大量的煤、天然气和石油燃料被用在工业、商业、住房和交通上。这些燃料燃烧时产生的过量二氧化碳就像玻璃罩一样，阻断地面热量向外层空间散发，将热气滞留在大气中，形成"温室效应"。"温室效应"使全球气象变异，产生灾难性干旱和洪涝，并使南北极冰山融化，导致海平面上升。科学家们估计，如果气候变暖的趋势继续下去，海拔较低的孟加拉、荷兰、埃及、中国低洼三角洲等地及若干岛屿国家将面临被海水吞没的危险。

（9）少用空调——降低能源消耗。

煤炭等燃料在燃烧时以气体形式排出碳和氮的氧化物，这些氧化物与空气中的水蒸气结合后形成高腐蚀性的硫酸和硝酸，又与雨、雪、雾一起回落到地面，这就是被称作"空中死神"的酸雨。全球已有三大酸雨区：美国和加拿大地区、北欧地区、中国南方地区。酸雨不仅能强烈地腐蚀建筑物，还会使土壤酸化，导致树木枯死，农作物减产，湖泊水质变酸，鱼虾死亡。中国因大量使用煤炭燃料，每年由于酸雨污染造成的经济损失达 200 亿元左右。中国酸雨区的降水酸度仍在升高，面积仍在扩大。

（10）支持绿色照明——人人都用节能灯。

"中国绿色照明工程"是中国节能重点之一。按照该工程实施计划，全国将推广节能高效照明灯具。

中国照明用电占全社会用电总量的 13% 左右。2013 年全国一年的照明用电量为 1 250 亿 kW·h，如果全国都采用节能光源，中国的照明用电量将下降 60%，一年可节约 750 亿 kW·h 电。因此，可节省相应的电厂燃煤，减少二氧化硫、氮氧化物、粉尘、灰渣及二氧化碳的排放。

（11）利用可再生资源——别等到能源耗竭的那一天。

人类目前使用的能源 90% 是石油、天然气和煤。这些燃料的形成过程需要亿万年，是不可再生的资源。太阳能、风能、潮汐能、地热能则是可再生的，被称为可再生能源。人们把那些不污染环境的能源称为"清洁能源"。

（12）做"公交族"——以乘坐公共交通车为荣。

中国首都北京 2015 年机动车保有量已达 561 万辆，仅为东京和纽约等城市机动车拥有量的 70%。但是每辆车排放的污染物浓度却比国外同类机动车高 3～10 倍。2015 年北京机动车年排放污染物 70 万 t。据测算，机动车排放的一氧化碳、氮氧化物、碳氢化合物，分别占到该类污染物全市排放总量的 86%、56%、32%。

2014 年北京的 PM2.5 来源解析显示，长年看，在北京排放来源中，机动车排放占比约 1/3，为 PM2.5 本地来源的"最大户"。

（13）当"自行车英雄"——保护大气，始于足下。

在欧洲，很多人为了减少因驾车带来的空气污染而愿意骑自行车上班，这样的人被视为环保卫士而受到尊敬。美国的报纸经常动员人们去超级市场购物时，尽量多买一些必需品，减少去超市的次数，以便节省汽油，同时减少空气污染。颇有影响的美国自行车协会一直呼吁政府在建公路时修自行车道。在德国，很多家庭喜欢和近邻用同一辆轿车外出，以减少汽车尾气的排放。为净化城市空气，伊朗首都德黑兰规定了"无私车日"，在这一天，伊朗总统也和市民一道乘公共汽车上班。在中国上海，一些公司职员经常合乘一辆出租车，名曰"拼的"。

2017 年，"共享单车"在中国遍地开花，积极响应了保护环境从我做起的落地行动。但愿是返璞归真，而不是一阵风。

（14）减少尾气排放——开车人的责任。

《中华人民共和国大气污染防治法》规定：机动车船向大气排放污染物不得超过规定的排放标准，对超过规定的排放标准的机动车船，应当采取治理措施，污染物排放超过国家规定的排放标准的汽车，不得制造、销售或者进口。

（15）用无铅汽油——开车人的选择。

使用含铅汽油的汽车会通过尾气排放出铅。这些铅粒随呼吸进入人体后，会伤害人的神经系统，还会积存在人的骨骼中；如果落在土壤或河流中，会被各种动植物吸收而进入人类的食物链。铅在人体中积蓄到一定程度，会使人得贫血、肝炎、肺炎、肺气肿、心绞痛、神经衰弱等多种疾病。

（16）珍惜纸张——就是珍惜森林与河流。

纸张需求量的猛增是木材消费增长的原因之一。2013 年中国的木材年消耗量为 5.7 亿 $m^3$，而木材产量仅为 8 367 万 $m^3$，进口木材 7 918 万 $m^3$，对外依赖度高达 50%。造纸行业木材消耗量最大，所占比重高达 60%。每吨造纸耗费木材 4 $m^3$，2013 年中国造纸消耗木材约 3.48 亿 $m^3$。预计 2013～2020 年，中国造纸行业的木材需求量还将以每年平均 9% 的速度增长。

纸张的大量消费不仅造成森林毁坏，而且因生产纸浆排放污水，使江河湖泊受到严重污染（造纸行业所造成的污染占整个水域污染的 30% 以上）。

（17）使用再生纸——减少森林砍伐。

中国的森林覆盖率只有世界平均值的 1/4。据统计，中国森林在 10 年间锐减了 23%，可伐蓄积量减少了 50%。云南西双版纳的天然森林，自 20 世纪 50 年代以来，每年以约 1.6 万 $hm^2$ 的进度消失着。当时 55% 的原始森林覆盖面积现已减少了一半。

（18）替代贺年卡——减轻地球负担。

礼节繁多的日本人近年来也在改变大量赠送贺年卡的习惯。一些大公司登广告声明不再以邮寄贺年卡表示问候。中国的大学生组织了"减卡救树"的活动，提倡把买贺卡的钱省下来种树，保护大自然。

（19）节粮新时尚——让节俭变成荣耀。

中国有 1.3 亿多 $hm^2$ 耕地，占世界总耕地的 7%，但人均耕地不及世界人均值的 47%，东部 600 多个县（区）人均耕地低于联合国粮农组织确定的 0.05 $km^2$ 的警戒线。

（20）控制噪声污染——让我们互相监督。

噪声会干扰居民的正常生活，也会对人的听力造成损害。噪声对人的神经系统和心血管系统等有明显影响。长期接触噪声的人，会产生头痛、脑胀、心慌、记忆力衰退和乏力等症状。低频噪声使人胸闷、恶心。噪声还会影响消化系统，可以导致冠心病和动脉硬化等疾病。

（21）维护安宁环境——让我们从自己做起。

德国规定，在室内使用音响设备时，音量以室内能听清为限。美国法律规定在学校中设置有关噪声的课程。英国规定,广告宣传、娱乐和商业活动不得使用音响设备,夜间不得在公共场所使用音响设备。日本规定要控制餐饮业夜间作业产生的噪声和使用音响设备进行宣传产生的噪声;车辆不得产生影响他人的、不必要的噪声,禁止汽车不必要的空转。

(22)认"环境标志"——选购绿色食品。

已被中国绿色标志认证委员会认证的环境保护产品有低氟家用制冷器具、无氟发用摩丝和定型发胶、无铅汽油、无镉汞铅充电电池、无磷织物洗涤剂、低噪声洗衣机、节能荧光灯等。这些环境标志产品上贴有"中国环境标志"的标记。该标志图形的中心结构是青山、绿水、太阳,表示人类赖以生存的环境;外围的 10 个环表示公众共同参与保护环境。

(23)用无氟制品——保护臭氧层。

臭氧层能吸收紫外线,保护人和动植物免受伤害。氟利昂中的氯原子对臭氧层有极大的破坏作用,它能分解吸收紫外线的臭氧,使臭氧层变薄。强烈的紫外线照射会损害人和动物的免疫功能,诱发皮肤癌和白内障,会破坏地球上的生态系统。

1994 年,人们在南极上空观测到了至今为止最大的臭氧层空洞,它的面积有 2 400 $km^2$。有关资料表明,位于南极臭氧层边缘的智利南部已经出现了农作物受损和牧场的动物失明的情况。北极上空的臭氧层也在变薄。目前,最早使用 CFC(氟利昂是 CFC 物质中的一类)的 24 个发达国家已签署了限制使用 CFC 的《蒙特利尔议定书》,1990 年的修订案将发达国家禁止使用 CFC 的时间定在 2000 年。

1993 年 2 月,中国政府批准了《中国消耗臭氧层物质逐步淘汰方案》,确定在 2010 年完全淘汰消耗臭氧层物质。

(24)选无磷洗衣粉——保护江河湖泊。

中国生产的洗衣粉大都含磷。2015 年中国年产合成洗衣粉 444.76 万 t,仍有 70% 以上的洗衣粉为含磷洗衣粉。按平均 8% 的含磷量计算,每年就有 30 万多 t 的磷排放到地表水中,给河流湖泊带来很大的影响。据调查,滇池、洱海、玄武湖的总含磷水平都相当高,昆明的生活污水中洗衣粉带入的磷超过磷负荷总量的 50%。大量的含磷污水进入水源后,会引起水中藻类疯长,使水体发生富营养化,水中含氧量下降,水中生物因缺氧而死亡,水体也由此成为死水、臭水。

(25)买无污染电池——防止汞镉污染。

我们日常使用的电池是靠化学作用,通俗地讲就是靠腐蚀作用产生电能的。而其腐蚀物中含有大量的重金属污染物——镉、汞、锰等。当其被废弃在自然界时,这些有毒物质便慢慢从电池中溢出,进入土壤或水源,再通过农作物进入人的食物链。这些有毒物质在人体内会长期积蓄难以排除,损害神经系统、造血功能、肾脏和骨骼,有的还能够致癌。电池可以说是生产多少废弃多少;集中生产,分散污染;短时使用,长期污染。

(26)选绿色包装——减少垃圾灾难。

每人每天丢掉的垃圾质量超过人体平均质量的 5~6 倍。2015 年北京年产垃圾总量近 1 200 万 t,日产垃圾 3.3 万 t,人均每天扔出垃圾约 1 kg,相当于每年堆起两座景山。

2015 年中国设市城市生活垃圾清运量为 1.92 亿 t,其中很大一部分是过度包装盒造成的。不少商品特别是化妆品、保健品的包装费用已占到成本的 30%~50%。过度包装不仅造成了巨大的浪费,也加重了消费者的经济负担,同时还增加了垃圾量,污染了环境。

(27)认绿色食品标志——保障自身健康。

2015 年,中国有绿色食品生产企业 8 700 多家,按照绿色食品标准开发生产的绿色食品达 1 200 多种,产品涉及饮料、酒类、果品、乳制品、谷类、养殖类等各个食品门类。其他一些绿色食品,如全麦面包、新鲜的五谷杂粮、豆类、菇类等也是对人体健康很有益处的。

(28)买无公害食品——维护生态环境。

食品污染源:一是工业废弃物污染农田、水源和大气,导致有害物质在农产品中聚集;二是化学肥料、农药等在农产品中残留;三是一些化学色素、添加剂在食品加工中不适当使用;四是储存加工不当导致的微生物污染。水果和蔬菜上的农药侵入人体数年后,就会通过癌症以及免疫系统、激素分泌系统和生殖系统的紊乱表现出来。

(29)少用一次性制品——节约地球资源。

那些"用了就扔"的塑料袋不仅造成了资源的巨大浪费,而且使垃圾量剧增。

中国每年塑料废弃量为 5 000 多万 t,北京市如果按平均每人每天消费一个塑料袋计算,每个袋 4 g,每天就要扔掉 4 g 聚乙烯膜,仅原料就扔掉近 4 万元。如果把这些塑料铺开的话,每人每年弃置的塑料薄膜面积达 240 $m^2$,北京 2 100 万人每年弃置的塑料袋是市区建筑面积的 4 倍。

(30)自备购物袋——少用塑料袋。

在德国,不少超市里的塑料袋不是免费提供的,这是为了减少塑料袋的使用。很多德国人买东西时,习惯提着布兜子,或直接将货物装到车上,不用塑料袋。一些家庭主妇为了少用塑料袋而挎着硕大的藤篮上街购物。德国的旅馆也不提供一次性的牙刷、牙膏、梳子、拖鞋。饭店里都使用不锈钢刀叉,高温消毒后再重复使用。

(31)自备餐盒——减少白色污染。

环保浪潮使生产一次性产品的行业正在走下坡路,很多国家在开发生产可降解塑料,使其在使用过后能够在自然界中降解;有的国家已淘汰使用塑料,而用特种纸包装代替。很多国家提倡包装物的重复使用和再生处理。丹麦、德国规定,装饮料的玻璃瓶使用后经过消毒处理可多次重复使用,瑞典一家最大的乳制品厂推出一种可以重复使用 75 次的玻璃奶瓶;一些发达国家把制造木杆笔视为"夕阳工业",开始生产自动铅笔。

(32)少用一次性筷子——别让森林变木屑。

一次性筷子是日本人发明的,日本的森林覆盖率高达 70%,但他们却不砍伐自己国土上的树木来做一次性筷子,而全靠进口。日本是世界上最大的木材进口国,进口木材占到需求量的 80% 以上。2015 年中国的森林覆盖率为 21.63%,却是一直出口和自用一次性筷子的大国。中国北方的一次性筷子产业每年要向日本和韩国出口 150 万 $m^3$,减少森林蓄积 200 万 $m^3$。

(33)旧物巧利用——让有限的资源延长寿命。

全球性和生态危机使人们不得不考虑放弃"牧童经济",而接受"宇宙飞船经济"观念。前者把自然界当作随意放牧、随意扔弃废物的场所;后者则非常珍惜有限的空间和资源,就像宇宙飞船上的生活一样,周而复始,循环不已地利用各种物质。

(34)交流捐赠多余物品——闲置浪费,捐赠光荣。

为秉龙"互助,进步,文明,友善"的志愿服务精神,让更多的困难群众感受来自社会的关爱和温暖,杜绝资源浪费,实现低碳环保和闲置物品再生利用目的,希望广大人民群众将自身多余物品(如生活、学习、生产、医疗等各类用品)捐赠给红十字会、公益爱心组织等单

位转赠 给贫困地区的贫困人群,即达到资源充分利用,绿色低碳环保目的,还彰显社会主义核心价值观理念。

(35)回收废塑料——开发"第二油田"。

不少废塑料可以还原为再生塑料,而所有的废塑料——废餐盒、食品袋、编织袋、软包装盒等都可以回炼为燃油。1 t 废塑料至少能回炼 600 kg 汽油和柴油,难怪有人称回收旧塑料为开发"第二油田"。

(36)回收废电池——防止悲剧重演。

"痛痛病"和"水俣病"都是在日本发生的工业公害病。这是由于含镉或汞的工业废水污染了土壤和水源,进入了人类的食物链。"水俣病"是汞中毒,患者由于体内大量地积蓄甲基汞而发生脑中枢神经和末梢神经损害,轻者手足麻木,重者死亡。"痛痛病"是镉中毒,患者手足疼痛,全身各处都很容易发生骨折。得这种病的人都一直喊着"痛啊! 痛啊!"直到死去,所以被叫作"痛痛病"。由于普通干电池都含有这两种有毒金属元素,所以说电池从生产到废弃,时刻都潜伏着污染。电池的回收势在必行!

(37)回收废纸——再造林木资源。

回收 1 t 废纸能生产好纸 800 kg,可以少砍 17 棵大树,节省 3 m³ 的垃圾填埋场空间,还可以节约一半以上的造纸能源,减少 35% 的水污染,每张纸至少可以回收两次。办公用纸、旧信封信纸、笔记本、书籍、报纸、广告宣传纸、货物包装纸、纸箱纸盒、纸餐具等在第一次回收后,可再造纸印制成书籍、稿纸、名片、便条纸等。第二次回收后,还可制成卫生纸。

(38)回收生物垃圾——再生绿色肥料。

垃圾混装是把垃圾当成废物,而垃圾分装是把垃圾当成资源;混装的垃圾被送到填埋场,侵占了大量的土地,分装的垃圾被分送到各个回收再造部门,不占用土地;混装垃圾无论是填埋还是焚烧都会污染土地和大气,而分装垃圾则会促进无害化处理;混装垃圾增加环境卫生和环境保护部门的劳作,分装垃圾只需我们的举手之劳。

(39)回收各种废弃物——所有的垃圾都能变成资源。

2014 年,中国每年可利用的废弃物的价值达 500 亿元,约有 500 万 t 废钢铁、1 200 万 t 废纸未得到回收利用。废塑料的回收率不到 3%,橡胶的回收率为 30%。仅每年扔掉的 60 多亿颗废旧电池就含有 7 万多 t 锌、10 万 t 二氧化锰。铝制易拉罐再制铝,比用铝土提取铝少消耗 71% 的能量,减少 95% 的空气污染;废玻璃再造玻璃,不仅可节约石英砂、纯碱、长石粉、煤炭,还可节电,减少大约 32% 的能量消耗,减少 20% 的空气污染和 50% 的水污染。回收一个玻璃瓶节省的能量,可使一个灯泡发亮 4 h。

(40)推动垃圾分类回收——举手之劳战胜垃圾公害。

"Recycle"(回收再生)是世界性的潮流和时尚,分类垃圾箱在许多国家随处可见,回收成为妇孺皆知的常识。

自 1990 年以来欧盟各国为推行"零污染"的经济计划而努力;德国开始实施循环经济和垃圾法,旨在要从"丢弃社会"变成"无垃圾社会";奥地利制定法规,要求到 2000 年废物回收率达到 80%;法国要求回收 75% 的包装物,规定只有不能再处理的废物才允许填埋;瑞典的新法规要求生产者对其产品包装物形成的废物负有回收的责任。

美国一些州政府从 1987 年开始制定了回收的地方法规。

(41)拒食野生动物——改变不良的饮食习惯。

在恐龙时代,平均每1 000年才有一种动物绝种;20世纪以前,地球上大约每4年有一种动物绝种;现在每年约有4万种生物绝迹。近150年来,鸟类灭绝了80种;近50年来,兽类灭绝了近40种。近100年来,物种灭绝的速度超出其自然灭绝率的1 000倍,而且这种速度仍有增无减。

(42)拒用野生动植物制品——别让濒危生命死在你手里。

生物多样性:一是指生态系统多样性,如森林、草原、湿地、农田等;二是指物种多样性,即自然界有上千万种生物,是丰富多彩的;三是指遗传多样性,即基因多样性,在同一种类中,又有不同的个体或品种,中国是最早的国际生物多样性公约缔约国之一。

(43)不猎捕和饲养野生动物——保护脆弱的生物链。

2015年,中国已建立500多处珍稀植物迁地保护繁育基地、1 600多处植物园、树林园、森林园及2 740个不同类型、不同级别的自然保护区。中国于1988年发布《国家重点保护野生动物名录》,列入陆生野生动物300多种,其中国家一级保护野生动物有大熊猫、金丝猴、长臂猿、丹顶鹤等约90种;国家二级保护野生动物有小熊猫、穿山甲、黑熊、天鹅、鹦鹉等230种。

(44)制止偷猎和买卖野生动物的行为——行使你神圣的权利。

偷猎和贩卖野生动物的犯法事件时有发生。

《中华人民共和国野生动物保护法》规定:禁止出售、收购国家重点保护野生动物或者产品。原商业部规定,禁止收购和以任何形式买卖国家重点保护动物及其产品(包括死体、毛皮、羽毛、内脏、血、骨、肉、角、卵、精液、胚胎、标本、药用部分等)。中国也是《濒危野生动植物种国际贸易公约》成员国之一。

(45)做动物的朋友——善待生命,与万物共存。

为挽救野生动物,一些人捐钱"认养"自然保护区中的指定动物,并像看望亲属一样去定期看望它们。

中国北京部分大学生假期到云南动员当地人保护原始森林和栖息于那里的珍稀动物滇金丝猴。很多人常去濒危动物保护中心,看望濒临灭绝的野生动物。

在美国,一些孩子像对待朋友一样给动物园的动物过生日。

一位世界著名歌手在上海举办了一次特殊的音乐会,听众是海里那些濒临灭绝的鲸。

(46)不买珍稀木材用具——别摧毁热带雨林。

资料表明,大约1万年以前地球有62亿 hm$^2$ 的森林覆盖着近1/2的陆地,而现在只剩28亿 hm$^2$ 了。全球的热带雨林正以每年1 700万 hm$^2$ 的速度减少着,等于每分钟失去一块足球场大小的森林。用不了多少年,世界热带森林资源就可能被全部毁坏殆尽。

(47)植树护林——与荒漠化抗争。

森林的消失意味着大面积的水土流失、荒漠化的加剧。

进入21世纪,全球有100多个国家、9亿人口和25%的陆地受到荒漠化威胁,每年因荒漠化造成的直接经济损失达400多亿美元。

中国受荒漠化影响的地区超过国土总面积的1/3,生活在荒漠地区和受荒漠影响的人口近4亿,每年因荒漠化危害造成的经济损失高达540亿元以上。

(48)领养树——做绿林卫士。

印度加尔各答农业大学德斯教授对一棵树的生态价值进行了计算:一棵50年树龄的

树,产生氧气的价值约 31 200 美元;吸收有毒气体、防止大气污染的价值约 62 500 美元;增加土壤肥力的价值约 31 200 美元;涵养水源的价值约 37 500 美元;为鸟类及其他动物提供繁衍场所的价值约 31 250 美元;产生蛋白质的价值约 2 500 美元。除去花、果实和木材价值,总计创值约 196 150 美元。

(49)无污染旅游——除了脚印,什么也别留下。

国际上已把对环境与自然生态总资源的核算作为衡量一个国家富裕程度的标准之一。

联合国公布的世界各国人均财富的报告中,澳大利亚的经济富裕程度虽然不及美国、日本等国,却因拥有丰富的自然生态资源而被排名为人均财富第一,中国被列为第 163 位。

(50)做环保志愿者——拯救地球,匹夫有责。

每年的 6 月 5 日为"世界环境日",12 月 5 日为"国际志愿人员日"。

1972 年 6 月 5 日,联合国举行第一次人类环境会议,并通过《人类环境宣言》及保护全球的"行动计划",提出"为了这一代和将来世世代代保护和改善环境"的口号。出席会议的113 个国家和地区的 1 300 名代表建议将大会开幕日定为"世界环境日"。1972 年 10 月,第二十七届联合国大会通过了联合国人类环境会议的建议,规定每年的 6 月 5 日为"世界环境日",让世界各国人民永远纪念它。

1985 年 12 月 17 日,第四十届联合国大会通过决议,从 1986 年起,每年的 12 月 5 日为"国际促进经济和社会发展志愿人员日"(简称:国际志愿人员日)。其目的是敦促各国政府通过庆祝活动唤起更多的人以志愿者的身份从事社会发展和经济建设事业。志愿者,是指利用业余时间,不为任何报酬参与社会服务的人。全世界志愿者数量已达到 5 亿人。

做一个环境志愿者已成为一种国际性潮流。很多大公司在录用人才时,特别注意应征者是否有参加环境保护公益活动的记录,以此来判断其责任感和敬业精神。

据报道,美国 18 岁以上的公民中有 49% 的人做过义务工作,每人平均每周义务工作4.2 h,相当于 2 000 亿美元的价值。在日本和欧洲各国,做环境保护志愿者也是公民普遍的常规行动。

在中国,做环境保护志愿者日益成为风尚。各地公民自愿去内蒙古恩格贝沙漠植树;深圳市民自发到长江源头建自然保护站;北京大学生周末去社区进行垃圾分类宣传;西安市有"妈妈环境保护志愿者活动日";吉林省志愿者多次组织大规模环境保护公益活动……这些环境保护自愿行动影响着更多的人,环境保护志愿者的队伍正在不断扩大。

(51)单单一颗 1 号废电池烂在泥土里,就会使 1 $m^2$ 的土壤永久失去利用价值。

废电池里含有大量重金属汞、镉、锰、铅等。当废电池日晒雨淋,表面皮层腐蚀了,其中的污染物质就会渗透到土壤和地下水,且造成受污染的土壤和地下水不可恢复,最终对人和其他生物造成危害。如果全球 73 亿人每人每月随意丢弃废旧电池 1 颗,世界将遭受多大灾难?!

(52)一粒钮扣电池就会使 600 t 的水无法饮用——相当于一个人一生的饮水量。

在世界公认的剧毒元素中,电池中就占了其中三种,这些剧毒元素一旦进入人体是很难排除的,严重影响神经系统,甚至使大脑永久破坏。

看到这样的数据和实例,您一定意识到了一个小小电池如果处理不当,它将会给我们生存的环境带来危害。如果您真的不希望面前那美好的一幕幕轻易地消失的话,那么,赶快与我们携手保护我们的地球吧! 您只需要从自己做起,动员您身边的亲人朋友,大家身体力行,将日常生活中用过的废旧电池投放至回收桶中。这一举动,对于地球,对于我们自己,将是最大的善行!

# 第四篇　自然保护工程建设监理实践图说

## 【概述】

　　湖北省兴山县龙门河亚热带常绿阔叶林是长江三峡库区迄今保存面积最大、生物多样性较典型的常绿阔叶林。2002～2004年,国务院三峡工程建设委员会投资建设的湖北省兴山县龙门河亚热带常绿阔叶林自然保护工程,在长江委龙门河亚热带常绿阔叶林自然保护工程监理部各位监理工程师长期、认真、负责的监理下,取得了圆满的效果。

　　笔者作为本工程建设的总监理工程师代表,在本篇中向各位亲爱的读者图文并茂地介绍了科学监理方法、监理绩效成果、监理经验总结和未来展望。

长江三峡水利枢纽工程全貌

长江三峡水利枢纽工程和湖北省兴山县
龙门河亚热带常绿阔叶林自然保护工程所处地理位置

湖北省兴山县龙门河亚热带常绿阔叶林自然保护工程入口

# 第十五章　综　述

湖北省兴山县龙门河亚热带常绿阔叶林自然保护工程(简称龙门河自然保护工程),是国家在长江三峡水利枢纽工程建设后,为了尽快保存和恢复长江三峡库区比较完整的原生地带性植被,为研究长江三峡库区森林生态系统、植物群落演替、物种多样性提供天然参照系统,为亚热带常绿阔叶林和混交林的保护和恢复工程提供示范样板,从而服务于整个三峡库区的生态环境建设等重大决策,由国务院三峡工程建设委员会实施的一项重要工程项目。

中国科学院和长江水资源保护科学研究所共同编制的《长江三峡工程环境影响报告书》,曾提出了一系列工程环境保护措施和生态建设项目,湖北省兴山县龙门河亚热带常绿阔叶林自然保护工程就是其生态环境建设项目之一。

龙门河自然保护工程建设,有效保存和保护了长江三峡库区常绿阔叶林及其生态系统、自然植被带谱和物种多样性等,促进了整个长江三峡库区生态环境建设。

**湖北省兴山县龙门河亚热带常绿阔叶林自然保护工程简介**

龙门河自然保护工程位于湖北省兴山县西北部,工程区范围为湖北省兴山县国有龙门河林场所辖全部行政区,工程区总面积 4 644 $hm^2$。

龙门河自然保护工程的建设内容有核心保护区工程、珍稀植物群落保护小区工程、古大珍稀树木保护工程、护林防火工程、常绿阔叶林和常绿落叶阔叶混交林补植工程、退耕还林搬迁安置工程、珍稀树木园工程、保护站工程、道路维修工程、管理区环境建设工程、经济林种植工程、用材林营造工程、电站改造工程、人才培训工程和科研工程等项目(参见表15-1)。

龙门河自然保护工程的主要保护对象是三峡库区常绿阔叶林及其相关的珍稀植物和古

大树种等。

表 15-1　湖北省兴山县龙门河亚热带常绿阔叶林自然保护工程项目

| 单位工程 | 分部工程与编码 | 分项工程与编码 | |
|---|---|---|---|
| 湖北省兴山县龙门河亚热带常绿阔叶林自然保护工程 | 核心保护区 01 | 瞭望台 01 – 01 | √ |
| | | 护林哨所 01 – 02 | √ |
| | | 区界标桩 01 – 03 | √ |
| | | 碑牌 01 – 04 | √ |
| | 珍稀植物群落保护小区 02 | 区界标桩 02 – 01 | √ |
| | | 标牌 02 – 02 | √ |
| | 古大珍稀树木保护 03 | 干砌石块护坡 03 – 01 | √ |
| | | 铁木质围栏 03 – 02 | √ |
| | | 挂牌、建档 03 – 03 | △ |
| | 护林防火 04 | 防火线 04 – 01 | △ |
| | | 配套设施购置 04 – 02 | △ |
| | 常绿阔叶林和常绿落叶阔叶混交林补植 05 | 常绿阔叶林区 05 – 01 | △ |
| | | 常绿落叶阔叶混交林区 05 – 02 | △ |
| | 退耕还林搬迁安置 06 | 搬迁安置 06 – 01　√△<br>（退耕还林与用材林结合，不再另列分项） | |
| | 珍稀树木园 07 | 珍稀树木区 07 – 01 | △ |
| | | 天然树木区 07 – 02 | △ |
| | | 观赏树木区 07 – 03 | △ |
| | | 管理房 07 – 04 | √ |
| | | 园林建设(园路、园林小品)07 – 05 | √ |
| | | 大门、挡土墙 07 – 06 | √ |
| | | 标牌 07 – 07 | √△ |

续表 15-1

| 单位工程 | 分部工程与编码 | 分项工程与编码 | |
|---|---|---|---|
| 湖北省兴山县龙门河亚热带常绿阔叶林自然保护工程 | 保护站 08 | 综合楼 08－01 | √ |
| | | 宣教楼 08－02 | √ |
| | | 室外项目 08－03 | √ |
| | | 配套设施购置 08－04 | △ |
| | 道路维修 09 | 路面 09－01 | √ |
| | | 挡土墙 09－02 | √ |
| | | 排水沟 09－03 | √ |
| | 管理区环境建设 10 | 草坪 10－01 | △ |
| | | 花坛 10－02 | △ |
| | | 环境绿化 10－03 | △ |
| | 经济林种植 11 | 杜仲林 11－01 | △ |
| | | 猕猴桃林 11－02 | △ |
| | | 混凝土架 11－03 | △ |
| | 用材林营造 12 | 华山松林 12－01 | △ |
| | | 日本落叶松林 12－02 | △ |
| | 电站改造 13 | 引水渠 13－01 | √ |
| | | 综合楼维修 13－02 | √ |
| | | 厂房维修 13－03 | √ |
| | 人才培训 14 | 培训班 14－01 | △ |
| | | 进修 14－02 | △ |
| | 科研 15 | 植物名录 15－01 | △ |
| | | 植物标本 15－02 | △ |
| | | 植被图 15－03 | △ |
| | | 植被生态调查研究报告 15－04 | △ |

注:"√"为基础设施项目;"△"为营林及其他项目。

**流经湖北省兴山县龙门河亚热带常绿阔叶林自然保护工程的香溪河**

　　龙门河自然保护工程由国务院三峡工程建设委员会办公室负责建设,国家林业局中南调查规划设计院和中国科学院武汉植物研究所设计,兴山县林业局承建。承建合同工期为3 年(2002 年 1 月至 2004 年 12 月),合同建设经费共计 467.1 万元,其中国家投资 422 万元,项目承建单位自筹资金 45.1 万元。

　　龙门河自然保护工程实行建设监理制,由业主国务院三峡工程建设委员会办公室委托长江水利委员会工程建设监理中心承担该项目建设监理任务。之后,长江水利委员会工程建设监理中心在该工程施工现场成立了长江水利委员会龙门河亚热带常绿阔叶林自然保护工程监理站,并委派长江水资源保护科学研究所等专业监理人员进行工程建设全方位、全过程的监理工作。

**龙门河自然保护工程参建单位**

建　设　单　位:国务院三峡工程建设委员会办公室
总体设计单位:国家林业局中南调查规划设计院、中国科学院武汉植物研究所
现场设计单位:兴山县林业调查队、兴山县建筑设计院
监　理　单　位:长江水利委员会工程建设监理中心
承　建　单　位:兴山县林业局

工程建设单位召开工程施工阶段检查会　　建设单位代表和监理单位总监代表等
听取承建单位代表汇报施工情况

工程参建各方人员现场检查工程施工情况

# 第十六章　科学监理

主要技能：
　　○工程项目管理
　　○水文、地质勘察评估
　　○植物种植管护
　　○建筑施工质量控制
　　○生态评估
　　○合同管理
　　○信息管理

长江水利委员会龙门河亚热带常绿阔叶林自然保护工程监理站

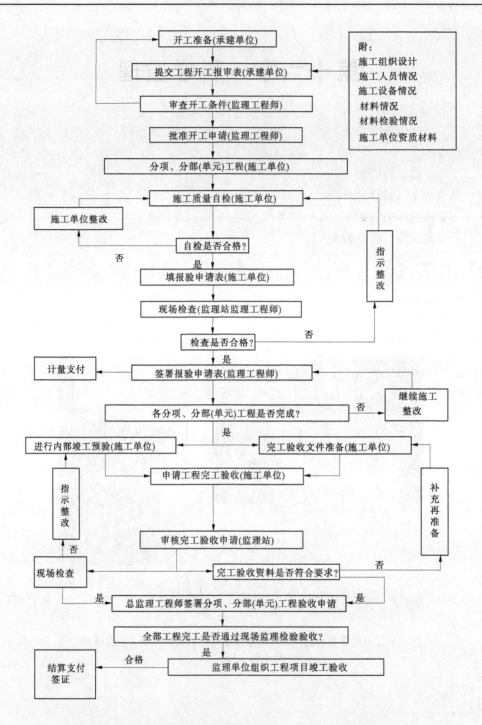

湖北省兴山县龙门河亚热带常绿阔叶林自然保护工程质量控制程序

监理站组织工程勘察选址

监理站适时召开监理例会解决施工质量问题

监理人员检查基础设施工程施工质量

监理人员对保护施工进行旁站监理

监理站组织专家检查营林工程质量

总监理工程师代表深入工地带领
监理人员开展检查和验收工作

监理站档案资料室

监理站电子办公设备

监理人员对瞭望台基槽开挖验收　　　　　　监理人员对引水渠完工初验

监理人员对保护站综合楼门柱验筋

监理人员对护林哨所工程圈梁验筋　　　　监理人员对珍稀树木园大门、
　　　　　　　　　　　　　　　　　挡土墙混凝土试块制作进行旁站

　　龙门河自然保护工程于2002年1月开工,经参建各方辛勤的努力,于2004年7月(比原计划工期提前半年)全部完工。

监理人员检查护林防火工程完工情况

监理人员检查猕猴桃基地施工情况

监理人员在珍稀树木园监督承建单位按设计要求施工

监理人员监督施工人员在玉池定植华山松

监理人员参与工程运行管理人才培训班教学

营林工程于 2002 年 1 月开工建设，至 2004 年 7 月全部完工，之后进入管护阶段。

珍稀树木种植

古大珍稀树木保护

日本落叶松种植

珍稀树木定植　　　　　　　　护林防火道线修建

常绿阔叶林补植

基础设施工程于 2002 年 6 月开工兴建,至 2003 年 4 月全部完工。

引水渠施工

保护站施工

猕猴桃园支架立柱施工

瞭望台施工

护林哨所施工

珍稀树木园管理房施工　　　　　　珍稀树木园大门、挡土墙钢模的制造与安装

监理单位组织验收人员　　　　　　监理单位组织完建　　　　　　参与工程质量评定的
检查珍稀树木园工程　　　　　基础设施工程验收工作　　　　各方代表签署验收文件

　　监理单位对完建的营林和基础设施等工程项目及时组织验收，有关工程建设质量评定结果参见表 16-1～表 16-5。

表 16-1　营林项目分项工程质量评定结果

| 单位工程 | 分部工程与编号 | 分项工程与编码 | 单元工程个数（个） | 合格个数（个） | 合格率（%） | 分项工程质量等级 |
|---|---|---|---|---|---|---|
| 湖北省兴山县龙门河亚热带常绿阔叶林自然保护工程 | 常绿阔叶林和常绿落叶阔叶混交林补植 05 | 常绿阔叶林区 05－01 | 15 | 15 | 100 | 合格 |
| | | 常绿落叶阔叶混交林区 05－02 | 9 | 9 | 100 | 合格 |
| | 珍稀树木园 07 | 珍稀树木区 07－01 | 17 | 17 | 100 | 合格 |
| | | 天然树木区 07－02 | 21 | 21 | 100 | 合格 |
| | | 观赏树木区 07－03 | 17 | 17 | 100 | 合格 |
| | 管理区环境建设 10 | 草坪 10－01 | 2 | 2 | 100 | 合格 |
| | | 花坛 10－02 | 2 | 2 | 100 | 合格 |
| | | 环境绿化 10－03 | 4 | 4 | 100 | 合格 |
| | 经济林种植 11 | 杜仲林 11－01 | 11 | 11 | 100 | 合格 |
| | | 猕猴桃林 11－02 | 13 | 13 | 100 | 合格 |
| | 用材林营造 12 | 华山松林 12－01 | 14 | 14 | 100 | 合格 |
| | | 日本落叶松林 12－02 | 23 | 23 | 100 | 合格 |

珍稀树木园工程入口处

表 16-2 基础设施项目分项工程质量评定结果

| 单位工程 | 分部工程与编码 | 分项工程与编码 | 单元工程个数(个) | 合格个数(个) | 合格率(%) | 分项工程质量等级 |
|---|---|---|---|---|---|---|
| 湖北省兴山县龙门河亚热带常绿阔叶林自然保护工程 | 核心保护区 01 | 瞭望台 01－01 | 7 | 7 | 100 | 合格 |
| | | 护林哨所 01－02 | 8 | 8 | 100 | 合格 |
| | | 区界标桩 01－03 | 1 | 1 | 100 | 合格 |
| | | 碑牌 01－04 | 1 | 1 | 100 | 合格 |
| | 珍稀植物群落保护小区 02 | 区界标桩 02－01 | 1 | 1 | 100 | 合格 |
| | | 标牌 02－02 | 1 | 1 | 100 | 合格 |
| | 古大珍稀树木保护 03 | 干砌石块护坡 03－01 | 6 | 6 | 100 | 合格 |
| | | 铁木质围栏 03－02 | 6 | 6 | 100 | 合格 |
| | 珍稀树木园 07 | 管理房 07－04 | 8 | 8 | 100 | 合格 |
| | | 园林建设(园路、园林小品)07－05 | 4 | 4 | 100 | 合格 |
| | | 大门、挡土墙 07－06 | 5 | 5 | 100 | 合格 |
| | | 标牌 07－07 | 1 | 1 | 100 | 合格 |
| | 保护站 08 | 综合楼 08－01 | 8 | 8 | 100 | 合格 |
| | | 宣教楼 08－02 | 8 | 8 | 100 | 合格 |
| | | 室外项目 08－03 | 5 | 5 | 100 | 合格 |
| | 道路维修 09 | 路面 09－01 | 1 | 1 | 100 | 合格 |
| | | 挡土墙 09－02 | 1 | 1 | 100 | 合格 |
| | | 排水沟 09－03 | 2 | 2 | 100 | 合格 |
| | 经济林种植 11 | 混凝土架 11－03 | 1 | 1 | 100 | 合格 |
| | 电站改造 13 | 引水渠 13－01 | 5 | 5 | 100 | 合格 |
| | | 综合楼维修 13－02 | 1 | 1 | 100 | 合格 |
| | | 厂房维修 13－03 | 1 | 1 | 100 | 合格 |

**表16-3　其他项目分项工程质量评定结果**

| 单位工程 | 分部工程与编号 | 分项工程与编码 | | 单元工程个数（个） | 合格个数（个） | 合格率（%） | 分项工程质量等级 |
|---|---|---|---|---|---|---|---|
| 湖北省兴山县龙门河亚热带常绿阔叶林自然保护工程 | 古大珍稀树木保护03 | 挂牌、建档03-03 | | 19 | 19 | 100 | 合格 |
| | 护林防火04 | 防火线04-01 | | 4 | 4 | 100 | 合格 |
| | | 配套设施购置04-02 | 风力灭火机 | 1 | 1 | 100 | 合格 |
| | | | 对讲机 | 1 | 1 | 100 | 合格 |
| | 退耕还林搬迁安置06 | 搬迁安置06-01 | | 4 | 4 | 100 | 合格 |
| | 珍稀树木园07 | 标牌07-07 | | 1 | 1 | 100 | 合格 |
| | 保护站08 | 配套设施购置08-04 | 办公设施 | 1 | 1 | 100 | 合格 |
| | | | 标本室建设项目 | 1 | 1 | 100 | 合格 |
| | | | 展示室建设项目 | 1 | 1 | 100 | 合格 |
| | 人才培训14 | 培训班14-01 | | 1 | 1 | 100 | 合格 |
| | | 进修14-02 | | 1 | 1 | 100 | 合格 |

**表16-4　14个分部工程质量评定结果**

| 单位工程 | 编码 | 分部工程 | 分项工程个数（个） | 合格个数（个） | 合格率（%） | 分部工程质量等级 |
|---|---|---|---|---|---|---|
| 湖北省兴山县龙门河亚热带常绿阔叶林自然保护工程 | 01 | 核心保护区 | 4 | 4 | 100 | 合格 |
| | 02 | 珍稀植物群落保护小区 | 2 | 2 | 100 | 合格 |
| | 03 | 古大珍稀树木保护 | 3 | 3 | 100 | 合格 |
| | 04 | 护林防火 | 2 | 2 | 100 | 合格 |
| | 05 | 常绿阔叶林和常绿落叶阔叶混交林补植 | 2 | 2 | 100 | 合格 |
| | 06 | 退耕还林搬迁安置 | 1 | 1 | 100 | 合格 |
| | 07 | 珍稀树木园 | 7 | 7 | 100 | 合格 |
| | 08 | 保护站 | 4 | 4 | 100 | 合格 |
| | 09 | 道路维修 | 3 | 3 | 100 | 合格 |
| | 10 | 管理区环境建设 | 3 | 3 | 100 | 合格 |
| | 11 | 经济林种植 | 3 | 3 | 100 | 合格 |
| | 12 | 用材林营造 | 2 | 2 | 100 | 合格 |
| | 13 | 电站改造 | 3 | 3 | 100 | 合格 |
| | 14 | 人才培训 | 2 | 2 | 100 | 合格 |

表 16-5 营林工程植物保存率结果统计

| 工程名称 | 定植区 | 设计数 | | 完成数 | | 保存率（%） | 保存数 | |
|---|---|---|---|---|---|---|---|---|
| | | 种 | 株 | 种 | 株 | | 种 | 株 |
| 珍稀树木园 | 珍稀树木区 | 43 | 880 | 54 | 1 156 | 86 | 54 | 994 |
| | 观赏树木区 | 28 | 620 | 69 | 1 338 | 98.87 | 69 | 1 323 |
| | 天然树木区 | 15 | 600 | 21 | 657 | 97.1 | 21 | 638 |
| 常绿阔叶林和常绿落叶阔叶混交林补植 | 常绿阔叶林区 | 20 | 13 200 | 36 | 13 705 | 91.7 | 36 | 12 567 |
| | 常绿落叶阔叶混交林区 | 18 | 9 150 | 34 | 9 150 | 95 | 34 | 8 693 |
| 用材林营造 | 华山松林 | 1 | 60 390 | 1 | 60 390 | 96 | 1 | 57 874 |
| | 日本落叶松林 | 1 | 137 610 | 1 | 137 610 | 97 | 1 | 133 481 |
| 经济林种植 | 杜仲林 | 1 | 12 500 | 1 | 12 500 | 92 | 1 | 11 500 |
| | 猕猴桃林 | 1 | 4 125 | 1 | 4 125 | 98 | 1 | 4 042 |

营林植物郁郁葱葱满山岗

汪达先生负责编写《湖北省兴山县龙门河亚热带常绿阔叶林自然
保护工程建设监理工作报告》

2005 年 1 月,国务院三峡工程建设委员会办公室主持湖北省兴山县
龙门河亚热带常绿阔叶林自然保护工程竣工验收

2005年1月22日,汪达先生在湖北省兴山县龙门河亚热带常绿阔叶林自然保护工程竣工验收会议上做《湖北省兴山县龙门河亚热带常绿阔叶林自然保护工程建设监理工作报告》

# 第十七章　监理成效

保护站建设前、后面貌对照

古大树保护设施一角

电站引水渠渠首、渠道、隧洞

珍稀树木园门楼一景

护林哨所

珍稀树木园管理房

珍稀树木园简介

常绿阔叶林人工补植培育工程区

珍稀树木园观赏区环境绿化

补植的常绿阔叶林生长良好

银杏古大树的工程保护

古大树木亮叶水青冈挂牌

黄崩口杜仲林生长旺盛

迁移的光叶珙桐生长良好

猕猴桃园改造后的情景

猕猴桃开始结果

标本柜内存放标本及展示标本一角

植物标本

银杏(裸子)

珙桐(被子)

篦子三尖杉

扬子黄肉楠(豹皮樟)

红豆杉

宜昌楠

# 第十八章　监理成果

湖北省兴山县龙门河亚热带常绿阔
叶林自然保护工程建设监理季报、年报

湖北省兴山县龙门河亚热带常绿阔叶林自然
保护工程建设监理工作报告等

长江水利委员会龙门河亚热带绿阔叶林自然
保护工程监理站被长江水利委员会
工程建设监理中心评为 2002 年度监理先进单位

# 第十九章　监理经验总结

　　龙门河自然保护工程建设的总体目标是在合同规定的时间内完成全部项目的施工任务,使工程质量等级标准达到合格以上,工程投资控制在合同规定的目标内。长江委龙门河亚热带常绿阔叶林自然保护工程监理站依据委托监理合同中授予的职责和权限,与参建各方密切合作,监督施工单位严格执行施工合同中所规定的职责、义务和承诺,通过认真、谨慎、勤奋及高效的监理工作,工程建设合同目标得到实现,取得了良好的监理效果。

　　笔者通过龙门河自然保护工程建设监理工作的实践,总结出如下经验。

## 1　进度控制

　　进度控制是工程建设监理的中心,在工程施工过程中,监理站始终在保证工程质量的前提下,采取动态控制的办法进行控制。及时审批承建单位拟订的施工进度计划,准确掌握现场工程进度情况,并与计划进度进行分析比较,找出偏差,督促施工单位抓住主要矛盾,调整计划,采取有力措施把进度赶上去,积极配合,主动办理进度款支付手续,确保合同工期内完成所有施工任务。

## 2　质量控制

　　工程质量控制是根本,本工程内营林项目规模小、点多、战线长,现场监理人数少、任务大、工作繁重,因此要加强事前控制,提早审查施工组织设计或施工图纸,督促施工单位建立质量保证体系,为施工过程中的质量控制打下基础。在事中质量控制过程中,督促施工单位落实自检制度,审查施工单位的现场检测记录;加强监理检测和抽检,对不合格的单元工程坚决返工处理;对现场出现的问题及时下达指令纠正;在事后质量控制中,搞好单元工程、分项工程、分部工程和单位工程等各个阶段的质量验收工作,为进度款支付和龙门河自然保护工程竣工验收等打好基础。

## 3　投资控制

　　工程投资控制是关键,监理站严格按批准的工程资金平衡表中各单项工程资金额度进行施工进度款的核定,原则上未突破合同总价,又保证了工程的顺利完成,实现了投资控制目标。

## 4　安全生产

　　为了有效地保证工程质量和进度,监理站要求现场监理人员切实注意安全,并责令项目部制定安全生产管理制度,增强施工人员的安全意识,保证安全生产。

## 5　合同管理

　　工程项目实施阶段的主要工作都是围绕进度控制、质量控制、投资控制、安全生产、合同管理和信息管理等六个方面进行的。而合同管理是保证实现进度、质量控制和投资控制的依据。按照合同文件所规定的总目标,根据本工程进度的实际情况,及时发布各项指令和监理通知,保证合同的顺利实施。

## 6  信息管理

控制是监理工作的主要手段,而信息是实施控制的耳目、决策的依据、协调的媒介。监理站在本工程整个施工过程中,注意收集各类信息,如上级主管部门和委托单位的批示、承建单位的施工变更函件和现场监理的检查检测记录、日志、季报、工作报告等,并加以分类、整理、归档、存储、传递,使有效的信息资源得到充分的利用,对工程建设施工起到促进和导向作用。

## 7  协调工作

监理单位的协调工作主要是通过对话、协商、文书、例会等各种形式,对工程参建各方的工作进行协调,同时加强对承建单位与地方政府相关部门以及施工区周边外部环境的协调。

## 8  工作教训

(1)从事建设工程活动,必须严格执行建设程序,即坚持先勘察、后设计、再施工的原则。

如在保护站项目实施中,原设计未提供详细的地质、水文勘测资料,经有关专家勘察发现该处有地质水文情况不明的隐患,不宜建房,造成重新反复选址和兴建。

(2)必须按照科学的方法进行工程建设监理。

如在营林工程建设监理过程中,监理人员就根据实际情况分别采用三种科学方法进行监理:

①对营林面积小和株数少的情况,采用直数法。

②对营林面积大和株数多的情况,采用植被生态学研究中的固定样方法,样方数量和面积视具体情况而定。

③对营林面积大和株数多且定植仿自然规则的情况,采用固定样线法和固定样方法相结合的方法。

这三种方法对在营林工程监理中科学、准确地统计植株成活率、保存率和保存数等起到了重要作用。

(3)对建设工程目标控制来说,要做到主动控制与被动控制相结合,应适当加大主动控制的力度,才能起到事半功倍的效果。

汪达先生适时跟踪检查湖北省兴山县龙门河亚热带常绿阔
叶林自然保护工程建设情况

长江水利委员会龙门河亚热带常绿阔叶林自然保护工程监理部总监理工程
师代表汪达先生(左三)主持召开监理工作会议

# 第二十章　运行管理

　　自2004年8月开始,湖北省兴山县龙门河亚热带常绿阔叶林保护站已移交龙门河林场,并投入正常使用。

保护站办公楼　　　　　　　　　　　保护站人员做日常管理工作

　　湖北省兴山县龙门河亚热带常绿阔叶林保护站派工作人员对各类植物保护区分区划界管理,使工作有章可循。

各类植物保护区分区界牌

植物标本室定期清理　　　　　　　　珍稀树种专人管护

保护区防火道日常清通

保护站管理人员对所有珍稀植物均挂牌警示和宣传教育

植物保护区顶峰一线风光

# 第二十一章　展　望

　　湖北省兴山县龙门河亚热带常绿阔叶林是长江三峡库区迄今保存面积最大、生物多样性较典型的常绿阔叶林。

　　2002～2004年,国务院三峡工程建设委员会投资建设的湖北省兴山县龙门河亚热带常绿阔叶林自然保护工程,在长江委龙门河亚热带常绿阔叶林自然保护工程监理部各位监理工程师长期认真、负责的监理下,取得了圆满的成果。这片长江三峡库区上游的常绿阔叶林及其生物资源、珍稀植物种类和古大树木更进一步得到了有效的、长效的、科学的保护,为促进长江三峡库区生态环境建设起到了引领作用,为长江三峡库区的森林生态系统和生物多样性提供了科学研究参数,为珍稀植物科学普及提供了难得的、特异的观赏景点,达到了项目实施的预期目的。

　　为了兴山县龙门河亚热带常绿阔叶林的持续发展和满足有关生态环境保护研究的需要,继续对龙门河亚热带常绿阔叶林加强保护,对三峡库区生态环境建设和水库运行的生态安全具有十分重要和深远的意义。

　　2010年,国务院三峡工程建设委员会又启动了湖北省兴山县龙门河亚热带常绿阔叶林自然保护工程第二期项目。

　　湖北省兴山县龙门河亚热带常绿阔叶林自然保护工程第二期项目是长江三峡库区生态保护试验示范项目中的一个子项目。该项目主要是对长江上游珍稀物种、生物多样性保护试验示范项目、三峡库区特有植物的保护与研究和生态环境监测系统效能评估的一项工程。

　　湖北省兴山县龙门河亚热带常绿阔叶林自然保护工程第二期项目计划总投资约计450万元,其中,常绿阔叶林生态恢复工程90万元;三峡地区模式植物和低海拔地区重要植物种质资源保护园建设工程90万元;珍稀植物群落保护与定位监测项目50万元;科普展示窗口数字化系统建设工程80万元;常绿阔叶林动态监测与生态效益计量评估项目50万元;湖北省兴山县龙门河亚热带常绿阔叶林自然保护区建设基础设施更新改造工程90万元。

　　湖北省兴山县龙门河亚热带常绿阔叶林自然保护工程第二期项目能更好地保护长江三峡库区中这片较为完好的亚热带常绿阔叶林,并保护好湖北省兴山县龙门河亚热带常绿阔叶林自然保护区内十分丰富的珍稀生物资源,其长江三峡库区生态环境建设的示范试验作用也将更为显著。

　　笔者作为本工程的总监理工程师代表,非常热爱这一片净土和其中的珍稀植物。在此深切祝愿长江三峡库区生态环境建设得越来越美好!

# 第五篇 污染防治的宏观对策与微观治理

## 【概述】

中国共产党的十七大报告提出："加强能源资源节约和生态环境保护,增强可持续发展能力。坚持节约资源和保护环境的基本国策,关系人民群众切身利益和中华民族生存发展。必须把建设资源节约型、环境友好型社会放在工业化、现代化发展战略的突出位置。"

中国共产党的十八大报告提出："建设生态文明,是关系人民福祉、关乎民族未来的长远大计。面对资源约束趋紧、环境污染严重、生态系统退化的严峻形势,必须树立尊重自然、顺应自然、保护自然的生态文明理念,把生态文明建设放在突出地位,融入经济建设、政治建设、文化建设、社会建设各方面和全过程,努力建设美丽中国,实现中华民族永续发展。坚持节约资源和保护环境的基本国策,坚持节约优先、保护优先、自然恢复为主的方针,着力推进绿色发展、循环发展、低碳发展,形成节约资源和保护环境的空间格局、产业结构、生产方式、生活方式,从源头上扭转生态环境恶化趋势,为人民创造良好生产生活环境,为全球生态安全作出贡献。"

本篇针对星罗棋布的乡镇企业和小微企业,纺织、造纸企业等废水废渣造成环境严重污染的状况,提出相关防治对策和处理措施;还介绍了中国台湾水系污染整治观念与策略;篇尾还附有《中共中央 国务院关于加快推进生态文明建设的意见》。

# 第二十二章　乡镇企业对环境造成的污染及其防治对策

## 1　乡镇企业的兴起

20 世纪 70 年代末,随着经济体制的改革,乡镇企业在全国以星火燎原之势蓬勃发展。据统计,1979~1984 年就有 5 500 万农村人口转入乡镇企业工作,乡镇企业总数也由 1984 年的 140 多万家发展到 1986 年的 1 200 多万家。

乡镇企业的发展对农民脱贫致富及农村经济的振兴起到了很大的促进作用。如 1983 年全国农村工农业总产值达 3 681 亿元。其中乡镇企业产值约占 1 200 亿元,与 1978 年相比,增长了 109% ,平均年增长率达 16% 。在 1986 年时,乡镇企业的总产值已高达 3 300 多亿元,与 1983 年相比,平均年增长率达 40% ,如与 1978 年相比,则多年年均增长率为 24.4% ,并首次超过了农业总产值。

当"星火计划"(乡镇企业发展计划)被列为国家科学技术委员会的"七五"计划的重点项目后,全国乡镇企业的发展更是如火如荼。

2002 年《中华人民共和国中小企业促进法》和《国务院关于进一步促进中小企业发展的若干意见》(国发〔2009〕36 号)等颁布实施。全国中小企业划分为中型、小型、微型三种类型,行业包括农、林、牧、渔业,工业(包括采矿业,制造业,电力、热力、燃气及水生产和供应业),建筑业,批发业,零售业,交通运输业(不含铁路运输业),仓储业,邮政业,住宿业,餐饮业,信息传输业(包括电信、互联网和相关服务),软件和信息技术服务业,房地产开发经营,物业管理,租赁和商务服务业,其他未列明行业(包括科学研究和技术服务业,水利、环境和公共设施管理业,居民服务、修理和其他服务业,社会工作,文化、体育和娱乐业等)。

随着国家针对小微企业一系列优惠政策的出台和 2013 年 1 月起小微企业会计准则的实施,小微企业的发展越来越受到政府和社会的广泛关注。据 2013 年调查,中国小微企业规模已近 5 000 万家,为国家创造了大量的就业机会并缴纳了近 2/3 的所得税,在国民经济中的支撑作用越来越大。

中国小微企业是助力经济发展的"轻骑兵",其工业总产值、销售收入、实现利税大约分别占中国经济总量的 60% 、57% 和 40% ,提供了 75% 的城镇就业机会。国家工商总局的数据显示,2015 年中国西部 10 个省市的小微企业超过 160 万家,占全国企业总数的 16.16% ;中部 9 个省市的小微企业超过 220 万家,占全国企业总数的 22.24% ;东部 12 个省市的小微企业超过 600 万家,占全国企业总数的 61.6% 。这些约 1 000 万家小微企业主要密集在长三角地区、珠三角地区和福建等 5 个省市。

但是,也应看到由乡镇企业化过程所带来的普遍性的环境污染问题及其严重的后果。

# 2 环境污染状况

据调查,江苏省在"星火燎原"时期新建乡镇企业 8 万多家,年排放废水 7.7 亿 t、废渣 600 万 t,多未经过任何处理,就地排放,致使附近的江河湖海成了星罗棋布的乡镇企业废水、废渣的汇合场所。

在广东省乡镇企业较集中的顺德县,1979 年至 1984 年间,因乡镇企业环境污染造成蚕桑、塘鱼、水稻、甘蔗等方面的损失就达 6 300 万元,蚕桑等减产 42 万担。

浙江农民生活水平的提高也离不开乡镇企业。在改革开放的 30 多年中,浙江的乡镇企业发展迅速。现已有乡镇企业 100 多万家,其年总产值超万亿元人民币。工业生产总值达亿元的乡镇占全省总数的 2/3,乡镇企业务工农民达 1 000 万人。但由于乡镇企业数量多,布局混乱,产品结构不合理,技术装备差,经营管理不善,资源和能源消耗大,绝大部分没有污染防治措施,污染危害变得更加突出和难以防范。乡镇企业的污染物来源主要是乡镇工业,绝大部分乡镇工业的"三废"排放不合规格,只有 30% 的乡镇工业废水经过处理,而达到国家排放标准的不到 15%。废水排入河流、湖泊等则直接导致严重的水污染。废气的排放造成大气污染,而大气污染又以降雨的形式将部分污染物转移到地面,从而污染水质。废物的乱堆乱放直接污染地表水,且通过渗透作用污染地下水。

另外,一些农村地区一味追求高利润的乡镇企业,无视政府法规,生产和出售极毒和致癌物品。如江苏省吴县花果酒厂在 1986 年竟愚昧无知、见利忘义地用工业酒精(甲醇含量为 3.4 g/L)配制了 15 万瓶毒酒销往全国,致使食用者失明、死亡事件接连不断。

还应看到,乡镇企业有基础差、发展速度快、缺乏全面规划、布局不合理等特点,在技术、装备和经营管理上都很落后。很多企业缺乏必要的"三废"(废水、废气、废渣,下同)等治理设施。大量乡镇企业"三废"任意排放,污染了河流和农田,破坏了农业生态环境和群众的生活环境。加之城市工业中一些由于造成环境污染而被迫停产的项目和产品也向农村转移,使农村环境污染更加严重。

据湖北省调查,1984 年全省的乡镇企业共排出废气 169 亿 $m^3$(其中含二氧化硫 13.27 万 t,氮氧化物 1.18 万 t,烟尘 14.2 万 t,粉尘 7.07 万 t,氟化物 0.74 万 t),废水 5 960 万 t(其中含悬浮物 11 383 t,化学需氧量 23 416 t,氰化物 4.9 t,硫化物 121.2 t,六价铬 13.3 t,砷 14.4 t),废渣 457 万 t。平均每万元乡镇工业产值排放废气 58 600 $m^3$、废水 207 t、废渣 15.86 t。总的来说,湖北省乡镇企业"三废"的排放不论是从绝对量,还是从相对量而言都是比较大的。

乡镇工业遍布农村,点多面广。含有大量有毒有害污染物质的乡镇工业"三废"绝大部分未经净化处理就直接排入农村自然环境之中,使农业生态环境遭受到普遍污染,局部地区还污染严重,给农牧渔业生产也造成了危害和损失。

据典型调查测算,1984 年湖北省乡镇企业"三废"污染总面积为 141.51 万亩,其中污染农田 96.15 万亩,占全省耕地面积的 2%,占湖北省总污染面积的 68%;污染水面 31.48 万亩;污染林地 13.88 万亩。因"三废"污染损失粮食 5 000 万 kg,棉花 6 806 万担,鲜鱼 900 万 kg,木材 5.56 万 $m^3$,直接经济损失达 4 033.36 万元,其中农业损失 2 003 万元,占总损失的 49.66%;林业损失 1 112 万元,占总损失的 27.57%;渔业损失 885.92 万元,占总损失的 21.96%;畜牧业损失 8.44 万元,占总损失的 0.21%;特产损失 24 万元,占总损失的

0.60%。

乡镇工业"三废"的污染不但造成了产量的损失,而且还降低了农畜产品质量,影响人群健康。

据典型调查,湖北省阳新县太子区南山村100多亩稻田灌溉苎麻脱胶废水后,水稻扎根困难,返青推迟710 d,分蘖减少,造成每亩平均减产100多kg,严重的甚至颗粒无收。

湖北省黄冈县国龙山区加工精干麻,向河流塘堰排放大量废水,造成20多人中毒,9头耕牛及21头生猪死亡。

湖北省孝感市卧龙区一家乡办电镀厂排放的废水中氰化物含量达17.54 mg/L,超过国家有关排放标准31倍,使100多亩水面和200多亩耕地受到严重污染,每年造成直接经济损失数万元。

湖北省天门县小板区杨林乡伞厂的有机氯气泄漏,造成500人中毒,周围牲畜、蔬菜受害,直接经济损失上万元。

1986年通过有关方面鉴定的湖北省第一部农业环境质量报告书指出:10年来,湖北省由于环境污染和生态失调造成的农牧渔业直接损失达26.7亿元。其中工业污染造成的损失为3.6亿元,水土流失造成的损失为12亿元,湖泊生态问题引起的损失为9亿元。

时至2005年,湖北省已被列为全国15个农业面源污染高风险省市之一。全省农村地区氨氮排放量为4.74万t,是同期工业排放量的2.09倍;化学需氧量排放24.28万t,是同期工业排放量的1.40倍;总氮和总磷的排放量分别为19.09万t和3.31万t。全省农村面源污染的主要排放指标已经超过全省工业污染排放总量,仅占全省国民生产总值16%的第一产业,却排放了全省50%以上的污染物。

2007～2010年,湖北省发展与改革委员会针对农村环境污染问题,采取实地踏勘、走访、座谈、问卷调查等形式,还专程到荆州、襄阳、咸宁、潜江、丹江口等地,以及在全省范围内选择荆州沙市区皇屯村等11个乡(镇)村进行专题调研,结果显示:湖北省农村环境污染问题比较突出,农村环境保护工作总的来说相对滞后,农村环境污染综合防治和科学管理等方面存在许多薄弱环节和亟待解决的问题。专题调研发现农村水体污染严重,农民饮水安全受到威胁。湖北省农村由于绝大多数养殖场没有污水处理设施,畜禽粪便等污染物直接排入农业环境,造成了水体富营养化、土壤板结和盐渍化。据统计,全省畜禽养殖的排放物占全省农村面源污染总量的36%,同时,由于化肥生产的发展,种地者用化肥取代了畜禽粪肥,大量畜禽粪便未经无害化处理就排入附近河渠或渗入地下,污染地表水、地下水。如老河口市2007年畜禽存栏量肉牛9.23万头,猪3.34万头,肉鸡325.61万只。将60只鸡折算成1头猪、1头牛折算成5头猪,按标猪废水日排放强度1.2 m³/(百头·d)、氨氮排放量3.6 g/(头·d)测算,老河口市2007年畜禽养殖业废水排放量达372.41万t,氨氮排放量达13.41 t,这些排放物都未经任何处理,直接污染农村水体。另外,乡镇水产养殖业超规模发展也使农村水域严重污染。据统计,全省水产养殖的排放物占全省农村面源污染总量的30%。由于水体污染源的扩散,原有水体丧失使用功能。湖北是淡水水产品生产第一大省,总产量连续12年居全国第一位,水质污染在一定程度上制约了水产养殖的发展。

另外,乡镇企业盲目发展,生产废水未经处理便无序排放,污染了农村水环境。自改革开放以来,全省乡镇企业的发展给农村带来了巨大的经济效益,但是乡镇企业造成的环境污染事件也逐年增加,许多乡镇企业(主要集中在造纸、印染、化工、冶炼、矿产、建材等行业)

在生产过程中产生的废水未经处理直接排向河沟、水库和农田,大量杂乱堆放的工业固体废物、生活垃圾又对地表水和地下水产生二次污染。如咸宁市八把刀村位于咸宁市赤壁镇东南部,调研发现该村没有任何工业企业,但是城市企业污染的转嫁仍对该村的生态环境造成了破坏。长江支流陆水河流经该村,在陆水河上游的一家大型纸厂每天向河里排放大量污水,以致陆水河受到了严重污染。而且,大量农田因污水灌溉还受到不同程度的病菌、有害物、重金属等污染。调研中发现,由于农村农业灌溉需求的持续增长和水资源的掠夺式使用等,已导致全省农业灌溉用水面临枯竭,大量未经处理的污水直接用于农田灌溉,给污灌区的饮水及食物安全造成危害。

乡镇企业还普遍存在能耗高、规模小、技术含量低等特点,多数企业没有采用相应的环境保护处理措施,不合理的布局模式导致污染治理难度大,乡镇企业每年的二氧化硫、烟尘、粉尘排放量较大,直接污染严重,对农村群众健康危害极大。例如湖北省咸宁市咸安区桂花镇明星村现有 21 个采石厂、1 个电石厂、1 个茶砖厂、1 个胶板厂,工厂排放出大量烟尘,严重影响了周围生态环境。

国家领导人曾严正地指出:现在如果农村出现问题,很可能不是出现在所有制问题上,而是出现在自然环境、生态平衡遭到破坏上。这种破坏是根本性的,如果不严加制止,中国共产党十一届三中全会以来我们这一套政策所带来的效益就会有不少被抵消掉。因此,乡镇企业亟须整顿,严加管理。

据《2008 年中国环境状况公报》知,当前中国农村环境问题日益突出,形势十分严峻,突出表现为生活污染加剧,面源污染加重,工矿污染凸显,饮水安全存在隐患,呈现出污染从城市向农村转移的态势。

# 3　污染原由

乡镇企业造成污染的原因是多方面的,既有思想认识因素,也有人为因素;既有战略失误,也有战术不当;还有发展中产生的新问题。现分析如下。

## 3.1　重经济轻环保

各级政府特别是乡镇领导认为环境保护工作可有可无,经济建设才是硬指标,致使乡镇企业只顾追求经济效益,忽视环境效益。

据《中国环境报》1986 年 1 月 30 日报道,某县工商局在审批一家新建镀锌厂营业执照时,审批人问:"是否电镀？ 如是必须先到环保局办手续。"办厂者一听便狡辩说:"不是电镀,不用电,旧东西拿来一镀就变成新的了,所以叫'镀新'(锌)。"这家工厂顺利地骗到了营业执照,一开工,就给环境带来了严重污染。这并非天方夜谭,而是确有其事。可悲可叹的是,一个手握审发全县工商营业执照大权的干部竟连中学生的知识水平都达不到,就更谈不上企业的专门业务了。

## 3.2　不合理发展

乡镇企业建设大多没有长远的总体规划发展项目,厂点的布局也不合理,有些是拣了芝麻,丢了西瓜,造成弊多利少、事倍功半,甚至后患无穷。很多乡镇企业既不考虑当地自然资源状况,又不考虑环境保护,盲目发展。

如湖北省孝感县朋兴区电镀厂建在稠密的居民区,工厂流出的污水四处横溢,有的直接流入群众的饮用水井。

湖北省沔阳县(现仙桃市)通海口造纸厂的废水不加处理就排入河中,影响了20万人的生活用水。

云南省昆明市官渡区内的中坝造纸厂坐落在全市人民的饮用水水源地——盘龙江的上游岸边、松花坝旁。该厂的造纸废水直接排入盘龙江,严重影响了水源地水质。

云南省著名的石林风景区附近的石林化肥厂,建在乃古石林的上风向,建厂不到3个月就损害了周围的不少树木,并引起当地彝族同胞向政府告状。

## 3.3　盲目上马

中国乡镇企业是在原料自找、资金自筹、产品自销、人才自聘、风险自担的情况下匆忙发展起来的。由于"先天不足",产业布局不够合理,企业人员素质普遍低下等因素,全国乡镇企业总收入虽从1978年以来以每年平均增长19.8%的速度提高,但资金利润率、销售利率等主要经济效益指标却分别以8.8%和13.6%的年平均速度在递减。经济效益、环境效益、社会效益究竟如何值得深思。

## 3.4　污染转移

由于农村的环境保护管理欠缺,对城市污染源向农村转嫁无法驾驭。

如武汉市从1986年起就实行了电镀行业的严格审批制度,即任何部门、单位和个人都不得在武汉地区新建和扩建电镀厂点,情况特殊的必须报经武汉市经济委员会和武汉市环境保护局审查批准;武汉市辖区范围内所有电镀生产厂一律在1985年12月底前填写电镀生产许可证申请表,并经所在地环境保护部门和电镀协会提出审查意见,主管部门审核后报武汉市经济委员会批准,发给正式或临时电镀生产许可证;从1986年5月1日起,凡未取得正式或临时电镀生产许可证而从事电镀生产的,均为违章。环境保护部门要加倍收取排污费,工商部门吊销营业执照,公安部门收回剧毒品购买证,并追究违章单位领导人的责任。有了这些限制后,许多未获得生产许可证的电镀企业厂点便相应"下放"到乡镇企业中,而乡镇企业为追逐利润又是求之不得,形成了一个愿打、一个愿挨的局面。

上述电镀行业这种转移阵地的倾向相当普遍。

据广东省环境保护局资料,南海县乡镇企业的电镀厂点数量因城市"下放"而数量猛增,全县已有200多个生产厂点,由于厂点过于集中,附近的饮用水源普遍遭到污染,当地人们只好用车到远处拉水吃;再者,工人在操作时也不进行劳动保护,工作环境恶劣,严重影响了工人的人身安全,后果不堪设想。

2016年广东省登记注册的小微企业达196.7万家,大部分在乡镇。未登记的小微企业则不计其数。环境保护部门对这些潜在的污染物排放源头的监控心有余而力不足。

另外,自深圳特区创办以来,已有很多外商为了摆脱污染控制、本国土地和资源等成本高、环境保护条件限制等困境,在中国深圳等农村兴办了大批危及当地生态环境的合资企业。

## 3.5　不讲环保

因乡镇企业量多面广,技术力量薄弱,短期效益明显,根本不进行环境保护工作,工业"三废"未经任何处理就近直接排放,既污染了农村环境,使农业减产、农畜产品质量下降,又影响了农民的身心健康和经济收入。

如全国乡镇办的电镀厂管理相当混乱,加工质量不高,全员劳动生产率低下,而同样产值的"三废"排放量却远远高于城市电镀厂,各种资源也浪费惊人,使农村生态环境普遍遭到破坏。

如对昆明地区一些乡镇电镀厂和化工厂排放的废水的监测表明:有的 pH 值为 1,有的则达到 14。更令人难以置信的是,有的乡镇企业就办在农民家里,各种炊事和生活用具如铝锅、炉灶、洗脸盆等同时又是生产设备。

## 3.6　本大利微

即使用经济指标来衡量乡镇企业,也是本大利微,祸害非浅。因乡镇企业的设备一般、技术落后,能源消耗率高,资源利用率低。

调查研究,全国乡镇企业的矿产资源利用率仅为20%,化工原料利用率仅为18%,木材利用率仅为30%,能源利用率仅为21%。

## 3.7　损毁矿藏

《中国环境报》记者在湖南省西岭乡调查时,发现了两个惊人的数字:在不到 1 年的时间里,西岭乡镇企业因滥采锡矿增加收入480 万元,有 86 户收入近万元,4 户收入逾 4 万元;乡镇企业采矿淘出的 11 万 m³矿砂,淤塞了西岭河近 2 800 m 长的河道。国家准备开采的西岭锡矿尚未选点就濒临报废。全国像这种"富了少数人,毁了一个矿,害了一条河"的乡镇企业比比皆是。

西岭乡镇企业滥采锡矿造成水土流失严重,全长 21 km 的西岭河,由于 4 万余堆废矿砂的堆积,已使整个矿区的河段淤塞,沿河两岸和河套植被全部被破坏,生态环境迅速恶化。

另外,因西岭乡镇企业一无地质资料,二无技术指导,三无环保措施,一个好端端的整体矿床被切割得支离破碎。且因淘洗方法原始,锡矿总回收率只有 15% 左右。

全国这种"三无"乡镇企业造成的一起起沉痛教训,发人深省。

# 4　乡镇企业的发展趋势

## 4.1　劳动人口预测

中国是个农业大国,农业人口占全国人口的80% 以上,农业劳动力占全国总劳动力的74%。这种社会分工上的落后结构,给国民经济发展埋下了一条穷根。

环顾世界,大凡经济发达国家,都把广大农民从农业中分离出来,从事第二、第三产业的劳动。中国也正在实行城市化工业发展。

邓小平同志指出:"因为中国人口 80% 在农村,如果不解决好这 80% 的人的生活问题,社会就不会是安定的。"恩格斯也曾说过:"如果说公社土地是农民生活的第一个基本条件,那么，工、副业则是第二个基本条件。如果我们不把他们用于工业，将有一大批人长期无事干。"

乡镇企业是中国一支很大的经济力量，对整个经济发展有着举足轻重的作用。如1983年乡镇企业拥有固定资产738亿元，总产值达到1 200亿元，占全国社会总产值的12.1%；1985年全国乡镇企业总产值达到2 400亿元，相当于1964年全国社会总产值；1986年全国乡镇企业总产值已达到3 300多亿元，并首次超过了全国农业总产值。这些数字表明，乡镇企业不是可有可无，而是应该进一步规范、调整、提高。

随着农村产业结构的改革，剩余劳动力必然增多。1986年农村剩余劳动力为1.56亿人，1990年为2亿人，2000年为2.5亿人，2010年为3亿人以上。这些农村剩余劳动力急需在新的产业结构中获得就业机会，如果这个问题解决好，不仅能为社会创造极大的财富，也是使中国社会进一步实现长治久安、繁荣兴旺的重要因素。也只有这样，中国才能真正消灭三大差别，建成中国特色社会主义。

## 4.2　产值预测

在中国辽阔的土地上将会出现"星罗棋布"的新型乡镇企业网点。如按1978年（乡镇企业产值为574亿元）至1986年期间乡镇企业产值年均增长率（24.4%）计算，到2000年，其产值为16 000亿元；到2010年，其产值为40 000亿元；到2020年，其产值为100 000亿元。若按1984年统计的7万多个乡镇计算，每个乡镇2000年产值为2 286万元；到2010年，产值为28 500万元；到2020年，产值为354 000万元。

## 4.3　废污水排放量的预测

据统计，如按1980年全国乡镇企业万元产值排废污水量为500 t计算，1986年全国乡镇企业排废污水总量约为156亿t；1990年达240亿t；2000年达320亿t；2010年达320亿t；2020年达320亿t。如按乡镇计算，则1986年每个乡镇排废污水量为18.8万t；1990年为32.1万t；2000年为45.3万t。

以上仅从乡镇企业所排放的废污水量进行了评估，可见其废污水量呈几何级数增长，且废污水量的增长率还高于其产值的增长率。由此带来的后果严重抵消了所得到的经济效益。乡镇企业给农村生态环境带来的破坏，是不能用经济效益去弥补的，是恶性循环、不可修复的。

# 5　防治对策

## 5.1　宏观调控

### 5.1.1　宣传教育

要大力宣传教育广大乡镇及其企业的领导干部和员工遵守环境保护法规、政策和规定。环境保护是中国的一项基本国策。保护环境应坚持预防为主、防治结合、综合治理的方针。

从江苏省乡镇企业发展的情况看，其产值已占全省工农业总产值的1/3以上，并成为农村经济的支柱。但一些城市将严重污染的生产项目转移到了农村，使得江苏省农村普遍受到污染,并影响了农民的身体健康。

常熟市碧溪乡却是另一番美好景象,全乡农、工、副三业兴旺,市场繁荣,农民富裕,环境优美。其经验是领导重视,专人负责,生产计划和环境保护工作统筹安排,经济指标与环境保护工作一起考核。

### 5.1.2　健全法制

只有制定有关乡镇企业环境保护法规、规定,才能做到有法可依、有法必依、执法必严、违法必究。

1986 年湖北省天门县人民政府依据国务院《关于加强乡镇街道企业环境管理的规定》,对全县所有 15 家乡镇电镀厂进行了一次全面整顿,分别采取了关、停、并、转、治五项措施,有效地防治了该县乡镇电镀厂产生的"三废"对环境的污染。

第十届全国人民代表大会常务委员会第三十二次会议于 2008 年 2 月 28 日审议通过修订后的《中华人民共和国水污染防治法》,该法自 2008 年 6 月 1 日起施行。2008 年《中华人民共和国水污染防治法》确立了三大原则:一是预防为主原则;二是防治结合原则;三是综合治理原则。突出了十个方面的亮点:一是把保障饮用水安全放在首要位置;二是进一步强化了地方政府的环境责任;三是更加明确和严格规定了环境违法行为的界限;四是进一步强化和拓展了总量控制制度;五是明确了排污许可制度的法律地位;六是从法律上保障了公众参与的权利;七是增设了排污单位的自我监测义务;八是强化了城镇污水处理和农业、农村水污染防治;九是进一步加强了事故应急处置方面的要求;十是提高了违法排污行为的处罚力度。

值得注意的是,长期以来,中国的环境保护管理体系对农村的环境污染防治方面重视不够,导致环境管理体系、监管力量难以覆盖广大农村地区,难以适应管理要求,难以遏制各类环境污染问题的发生。而且,农村环境保护管理法律法规相对滞后、不配套。国家虽然也颁布实施了一些有关农村环境与资源保护的法律法规,如《中华人民共和国环境保护法》《中华人民共和国水污染防治法》等,但就整体而言,农村环境的现实与需要的法规不配套,农村环境保护的法律法规建设仍然滞后,现有的涉及农村环境治理问题的法律法规可操作性不强,对损害环境的民事赔偿无法律依据可循,一些重要农村环境保护领域还存在着立法空白。如畜禽养殖污染治理、农村面源污染治理、农村土壤污染治理、农村垃圾无害化治理及污染的防治等都无法可依。

### 5.1.3　按章办事

各省、地、市、县所属辖区一定要因地制宜地搞好乡镇企业的发展规划,并建立切实可行的规章制度。新办乡镇企业,必须填报环境影响报告书(表),并经县级环境保护部门会同政府乡镇企业管理机构协商会签同意后,才能由银行或信用社贷款;开展环境保护设计、施工、竣工投产验收后,再到工商局办理登记,取得企业生产、经营许可证,方可投入生产。

贵州省贵阳市花溪区环境保护局,在农村经济结构改革中,对乡镇企业实行了"三抓四不签"审批制度,使"环境保护三同时"政策执行率达到 98%,基本控制了新污染源。所谓"三抓四不签"就是:一抓选厂址,二抓工艺流程,三抓"三废"处理设施;对厂长不懂工艺流程的不签,主管公司、部门不予承认的不签,包建单位和个人没有签订产销、"三废"治理和产品质量合同的不签,原料来路、成分不清的不签。这样就促进了社会、经济、环境效益三统一,使乡镇企业得到健康发展。

浙江省淳安县工商银行规定："凡对千岛湖环境发生污染的项目,银行一律不予贷款;对已贷款的项目,投产后发生污染的单位,银行将强行收回已经发放的贷款。"

银行把经济建设与环境保护结合起来,充分运用信贷经济杠杆作用,有效地控制了污染。

乡镇企业最发达的江苏省无锡市,严格把住乡镇企业建设审批关,未经批准建设的、有严重污染的项目仅占乡镇企业总数的很少部分,从而有效地控制了新的污染源。

### 5.1.4　建立机构

乡镇企业的各级主管部门直至乡镇(村)一级,应自上而下建立环境保护机构。各级环境保护部门不仅是行政管理机构,而且是环境保护的综合服务机构。

如黑龙江省龙江县环境保护办公室变行政管理型为综合服务型,热心帮助乡镇企业克服污染治理上的困难。全县乡镇企业 185 家,环境污染问题已全部得到解决。如龙南畜牧厂新建了一个电镀厂,污染了附近的河水,县环境保护办公室了解情况后,帮助购进一台钛质薄膜蒸发器和蒸汽锅炉等污水处理设施,一举有效解决了电镀厂的环境污染问题。

依法加强乡镇环境和乡镇企业的环保监督管理,控制"三废"对乡镇环境的污染。首先,要加强乡镇环境建设,加大乡镇环境保护监管力度。进一步完善政府统一领导、部门分工负责、群众广泛参与、环保部门统一监管的乡镇环保体系。其次,建立健全乡镇环境保护和监督管理制度。各级环保、农业、建设、卫生、水利、国土、林业等部门要加强协调配合,进一步增强服务意识,提高管理效率,加大乡镇环境保护监管力度。再者,开展乡镇环境综合整治,加强畜禽养殖污染治理,努力加快推进生态养殖小区建设;加强水产养殖污染防治,建设一批绿色水产品基地;全面禁用高毒高残留农药,建设一批化肥农药减量增效控污示范区;实施农户生活污水净化、沼气工程和农村生活污水生态化处理试点;开展河道整治及生态河道建设,定期对河道清淤;杜绝乡镇企业"三废"对农村环境的污染,积极创建生态村镇,努力提高农村生态建设和环境保护的整体水平。

### 5.1.5　环保投入

乡镇环保属于公益性事业,投资回报率小、周期长。长期以来国家用于防治环境污染的资金几乎全部投到工业企业和城市,而中央财政资金对乡镇环境保护基础设施建设的投入严重不足,地方财政负担普遍较重,用于乡镇环境污染防治的资金投入出现严重缺口,导致农村环境保护投入的资金非常有限,绝大多数市(县)农村环保投入均为空白。另外,环保基础设施投入不够。许多乡镇的环境保护基础设施不全,没有污水处理设施和垃圾处理场所。如湖北省大部分乡镇财政比较紧缺,难以支持环境保护工程的资金需求。社会闲散资金由于没有适宜的政策引导,还无法顺畅地流入乡镇环保事业中,严重制约了乡镇环境污染防治进程。而绝大部分乡镇企业几乎没有多余的资金投资环保建设,这是乡镇环境污染难以治理的直接原因。

实际经验证明,解决环境污染问题需要大量的资金投入。如果环保投入占国内生产总值的 1.0%～1.5% 就可以基本控制污染,达到 2%～3% 就可以逐步改善环境。

加快经济体制改革和农产品价格改革步伐,将公共投资重点向乡镇环境保护领域倾斜,加强对乡镇环境保护的投入,并引导乡镇企业向环境保护投资。同时要引导其他方面的资金进入乡镇环境保护领域,坚持"谁污染、谁付费,谁收益、谁负担,谁开发、谁保护"的原则,不断拓宽投融资渠道,为治理环境污染提供资金保障。还要改革财政、金融对乡镇环保工作的投入机制,确保各级财政对乡镇环保投入、补贴和配套。国家必须突破"二元"体制束缚,调整国民收入分配格局,坚持把基础设施建设和社会事业发展的重点转向乡镇,真正体现"工业反哺农业,城市支持农村"的政策导向。还需完善乡镇环境保护资金扶持、补偿、奖励、补助政策。中央和地方政府应该加大各级财政资金投入乡镇环保基础设施建设的专项转移支付力度,明确部门责任、落实资金用途、加强资金监管。同时要拓宽乡镇环保治理投融资渠道,建立起多渠道、多元化融资机制。鼓励发展农村合作基金会、建立开发基金、农民自筹资金、引进外资等多种筹资形式。除国家财政投入、省财政补贴、地方财政配套外,还应出台税收、信贷等相关优惠政策,吸引农民、社会资本、国际和国内金融组织等参与农村环保事业,对积极主动有效治理农村环境污染的国有企业、乡镇企业、民营企业,在项目立项、银行贷款、财政税收等方面给予扶持和优惠。另外,还要建立农村信贷抵押担保机制。

### 5.1.6 污染治理

湖北省武汉市东西湖区6家电镀厂一度大量外排有毒有害污水,严重危害了农业生态环境和农副产品的质量。区环境保护部门向区委、区政府提出调整电镀厂的建议,得到领导支持,并帮助东山制伞厂、金口电镀厂安装了电镀污水处理设施,治理了有害污水并对无治理能力的4家电镀厂分别实行了关、停、并、转。当看到电镀生产投资少、上马快、抓钱多,又有5家企业向区政府提出开办电镀厂时,区委、区政府主要领导当即明确指示,对那些污染严重、危害农业生态环境的项目,就是能抱回个"金娃娃",也不准上马。

长期以来,国家针对城市和大型企业污染已经制定了许多相关治理办法和措施,还设立了环境保护专项资金,对工业企业污染治理设施建设提供贷款贴息等,但对乡镇环境污染治理却没有相关治理办法、措施及政策。因此,乡镇环境治理措施和模式缺乏,更缺乏实用性强、可操作的治理技术。乡镇环境污染治理方法相当滞后。如乡镇环境污染治理基本沿用城市和大的工矿企业环境污染治理方法——末端治理法。末端治理适用于大规模的工矿企业单一点源污染的防治,而在乡镇企业污染和集约化畜禽养殖污染等环境问题的治理中,会受到乡镇治污设施建设不完善、经济规模小以及折旧率高等客观因素限制,不能起到有效控制污染的作用。

### 5.1.7 环保管理

山东省制定了乡镇企业环境保护管理措施:协助、指导有关部门做好发展乡镇企业的规划。大力发展生态农业,特别是发展农、林、果、畜产品和饲料加工行业,加强各种剩余物质的深度加工和综合利用,使"三废"最大限度地消除在生产过程之中。各级环境保护部门协助主管部门搞好乡镇企业布局,如基层环境保护部门帮助选好厂址。对国家命令取缔的土炼油、土硫黄、土炼焦等污染的乡镇企业,协助有关部门一个一个地调查,限制和关停。对分散的、不具备改造条件的石棉制品、电镀、热处理、制革等乡镇企业要实行严格的污染防治监督管理。抓好乡镇企业防治污染工作,对防治技术有困难的,向其提供信息和技术支持。

### 5.1.8 环保考核

一定要建立健全乡镇环境保护管理政府绩效考核和奖惩制度。首先应建立起工作目标责任制,实行领导逐级负责制。要把乡镇环境综合整治作为社会主义新农村建设的重要内容,纳入社会主义新农村建设考核评价体系,逐级分解任务,落实具体措施,一级抓一级,层层抓落实。要建立以村镇行政负责人为首的农村环境保护管理机构,负责制订本辖区环境综合整治方案并组织实施,基层应配备专职环保人员负责农村生活垃圾、全村环境监督管理和生态环境综合整治工作。同时要制定奖惩办法,建立健全奖励约束机制,对保护环境做出显著成绩和贡献的单位、个人给予表扬和奖励,把环境整治工作与年终考核、平时考核相结合,逐步推行乡镇和农业环境保护目标责任制和乡镇环境综合整治定量考核制。另外,要加大环境保护执法检查力度,强化乡镇环保机构的执行力。乡镇特别是行政村要制定村规民约、责任制度、保洁执法、奖惩办法等制度。要明确相关部门的职能和权限划分,建立集成管理体制和联合执法制度,推行重点环境问题市级挂牌督察、督办的方法,促使污染查处到位、整改到位,对超标排污、违法偷排企业从重从快实施处罚,加强对各类污染源的巡查、联查、督查和抽查,切实提高乡镇环境保护监管的质量和水平。

### 5.1.9　环保协作

上海市自行车三厂积极扶植乡镇企业发展。其在本厂工业产品下乡的同时,把先进的技术和设备输送给农民,避免污染下乡。如上海市宝山县刘行电镀厂四周都是农田,后面的一条河通往长江。刘行电镀厂从1978年筹建后,准备加工自行车的电镀产品,自行车三厂以产品下乡、污染不能转嫁为指导思想,帮助电镀厂进行正常操作,并治理污染。上海市自行车三厂专门派人在电镀厂做指导,严格执行"环境保护三同时"政策,并协助电镀厂治理污染投资达66万元,使其拥有污水处理站和离子交换器等治理设施,电镀厂每天排放的900 t废水都达到国家排放标准,连续被宝山县评为环境保护先进单位。

### 5.1.10　环境效益

湖南省吉首市曾想将一座年产值1 600万元的造纸厂调拨给穷乡僻壤的湖南省保靖县,但保靖县却不要,为什么? 保靖县县长说得好:"我们还没能力解决造纸厂的污染问题,不能图眼前利益而危害长远利益。"

对新产品的鉴定必须考虑环境效益。如果一种产品仅有经济效益而社会、环境效益不好,那么这种产品就失去了存在的价值,应该被淘汰。

### 5.1.11　污染责任险

近年来,随着乡镇小微企业数量的逐年增加,越来越多的环境污染责任事故发生。2007年12月,中国环境保护部和中国保监会联合发布了《关于环境污染责任保险工作的指导意见》,决定开展环境污染责任保险先期试点。从多年来的试点情况看,试点工作已取得诸多成效。无锡市环境污染责任保险自2009年开始试点以来,经过几年的探索实践,取得了比较优异的成绩,现已初步确立保险制度和机制,实现了两方面的突破:环境污染责任保险机制实现了从无到有的突破;业务得到快速突破,参保企业的数量由试点期间17家发展至今约达1 050家,共承担责任风险8亿多元,承保数量、保费规模、责任限额等各项指标均位居全国地级市前列。按照无锡市环保局"逐年扩面、强力推进"的工作需求,环境污染责任保险工作有序稳步进行,形成了环保部门、保险公司、投保企业三位一体的联动机制,有效地维护了无锡市经济、社会的和谐稳定,保障了生态环境安全。

小微企业环境污染责任保险是指以被保险人因污染环境而应承担的损害赔偿和治理责任为标的,由保险人根据保险合同规定的赔偿方法,承担被保险人的一部分赔偿或全部赔偿。该保险具有政策性保险特点,一份保险合同的签订需经过有关环境保护主管部门、小微企业和保险公司等方面的共同参与后完成,对特定企业具有强制性;另外,本保险覆盖性强、适用程度高,可覆盖中国大部分省市的乡镇。

## 5.2　微观治理

中国乡镇企业中以电镀、印染、造纸等行业对水环境的污染最为严重,必须重点治理。

### 5.2.1　电镀废水

浙江省镇海县采取社会化治理,即应用"逆流漂洗—离子交换—薄膜浓缩"先进工艺,实行"分离吸附,集中再生,信息控制",获得了成功,对全县含铬、镍废水进行了治理,避免了水环境污染。

湖北省化学工业研究设计所和湖北钢丝厂合作开发出完全氧化法处理含氰电镀污水工艺,并全面投入使用,效果好、成本低,而且不发生二次污染。

### 5.2.2　印染废水

对一般印染废水可采用逆流漂洗,减少生产用水量,然后对化纤产品的聚乙烯醇浆料进行回收,对染缸残液采用超滤膜法回收染料。通过上述处理后,再用生物处理法(如生物接触氧化、塔式滤池、生物转盘、活性污泥法等)去除废水中的有机物。

另外,新型的 HB 型厌氧生物工艺可很好地处理腈纶染色废水。

### 5.2.3　造纸废水

对黑液(其主要成分是木质素及其衍生物、碳水化合物及其分解物等有机物质)可采取提取—蒸发—苛化工艺,烧掉有机物。

对白水(其主要成分为悬浮物、防腐剂、增白剂及增强剂等物质)的处理可采用气浮法、混凝沉淀法等作为一级处理,采用氧化塘、接触氧化、活性污泥法、生物转盘等作为二级处理。

### 5.2.4　循环利用

大力发展工厂车间或工厂间综合利用污染物的"闭合工艺圈",将不同车间或工厂诸多生产工艺进行科学的合理布置,形成"闭合工艺",达到了循环利用能源和资源的目的。

如有的地方将硫酸或化工厂、有色冶炼生产过程中产生的二氧化硫用氨水吸收制得亚硫酸氢铵,可供造纸厂制浆用。而造纸厂的蒸、煮黑液又是一种肥效高的农用肥料,每吨黑液相当于 0.5 t 多硫酸氢铵。

### 5.2.5　清洁生产

发展无公害、无污染的生产工艺。中国氯碱工业过去用汞触媒电解法,造成汞污染危害。有的工厂改革旧的生产工艺,采用非汞制碱新工艺——离子交换膜隔膜电解法,既可提高工效,又杜绝了排汞,在氢氧化钾、聚氯乙烯等化工产品生产中也是如此,改革除汞触媒剂的公害工艺。

### 5.2.6　无水生产

发展无水、少水工艺代替用水工艺。如电镀行业镀件吹气喷雾脱液法可不产生或极少产生废水;回收镀件带出液,节约漂洗水。印染行业的转移印花工艺是一种不用水的工艺,可消除印染废水。用气化冷却技术代替水冷却也是无水工艺。

## 6　展望

中国共产党十一届三中全会以来,农村进行了一系列调整改革工作,农村面貌发生了翻天覆地的变化。邓小平同志曾说:"马克思主义的普遍真理同中国的具体实践结合起来,走自己的道路,建设有中国特色的社会主义,这就是我们总结长期历史经验得出的基本结论。"这也是中国新农业、新农村、新农民战略措施的指导方针。

这些年来,乡镇企业的蓬勃发展,意味着中国农村生产力的发展正发生着质的飞跃,向着较大规模的专业化、商品化、现代化过渡,农村的产业革命方兴未艾。

中国社会经济的特点是:农业人口多,各种资源丰富,但人均占有量少。人均土地有限——耕地 1.5 亩/人,草地 3 亩/人,都大大低于世界平均水平。而城市的工业基础薄弱,产业受需求影响大,失业工人增多,不能吸收和消化大量农村人口,因此应就地安排农村剩余劳动力发展第二、第三产业。

发展乡镇企业,既是农业经济发展的需要,也是城市工业和城乡市场的需要。如农民纯收入中来自农业的收入年均增长率为 9%,而来自农村工、商、运输、建筑等行业的收入却年均增长了 53%。因此,有"无工不富""要想富,农工副"等经验之说。

然而乡镇企业也面临着环境污染的挑战,要发展必须是经济效益、环境效益和社会效益三统一。

另外,乡镇企业还过多地接受和采用城市企业中落后的技术设备和生产淘汰的污染源"垃圾工业"产品,本来这些污染严重、耗能多和社会效益差的工业就是城市的负担,是受到环境保护部门的严格限制和取缔的,转移到乡镇后,即将污染嫁祸给农村,使污染面大大扩散。这是十分危险的倾向。

中国的乡镇企业从发展方向看,应逐步转向以农用生产资料工业,如食品、饲料、建材、建筑等,特别是农产品加工工业为主,立足于生产、生活和生态的统一,改善农村生态环境。

如前所述,对乡镇企业污染的防治对策中,重要的一条原则是重视农业环境保护教育,加强智力投资,加速培养农业现代化建设的人才,重视对农业领导干部、经济管理干部和科技干部的专业教育。

# 第二十三章　纺织印染废水处理的最佳模式

## 1　纺织印染业特点

在纺织工业中,印染业是一个关键部门,各种纱线、织物等都要在此按要求加工成各种颜色、花样。因此,要除去纤维上吸附的各种浆料和不纯物,再用各种各样的染料、颜料及辅助药品进行印染。

在进行这一系列的纺织印染加工中,有下列特点:

(1)要使用大量的水。

(2)使用的染料等并非全部结合在被加工的纤维上,有相当多部分染料与水呈混合状态被排出。

(3)由于染料的多样性和随机性,每天从工厂排出的废水水质变化很大。

因此,纺织印染厂的废水处理比其他行业要困难得多。

## 2　纺织印染废水的主要问题

纺织印染厂废水的主要问题是:

(1)由于投入过量的染料,将有一些未被利用的染料被原样排放。

(2)加入过量的水。

(3)由于批量过小,色度交换频繁。

(4)间歇式地排放高温废水。

如上所述,纺织印染厂的废水在物理和化学性质及状态等方面都是很复杂的。

下面将根据纺织印染业的这些特征,设计出较经济实用的废水处理方法(并将重点放在 SS、COD、BOD 及脱色等方面)。实践证明,下列模式和方法是行之有效的。

## 3　纺织印染废水的特别处理

图 23-1 是纺织印染厂废水处理的最佳模式流程。处理设备的安排可随处理目的的不同而不同。下面着重介绍其最佳模式流程中的几个主要中心环节。

### 3.1　筛滤

纺织印染废水中的污染成分,绝大部分是胶体状物质,故作为废水处理的前处理,除去纤维废料、浆料是很重要的。为了达到这个目的,筛网可做成 5 mm 和 1 mm 两层。

### 3.2　凝集沉淀或凝集加压气浮

直接染料和酸性染料中的溶解性物质较多,但是其他染料在染色加工的操作中,相当多

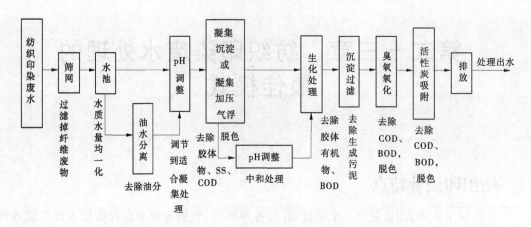

图 23-1　纺织印染工厂生产废水处理最佳模式流程

的微粒既不溶化,又不易沉淀下来,这些粒子分散在染料中,加上表面活性剂的影响,使凝集效果降低。

因此,应尽量减少表面活性剂的量。鉴于凝集反应受到液温、污浊物质的性质和浓度的影响,应选择最适当的凝集剂、添加顺序和添加量。例如,用无机系凝集剂时,添加量为 200 ~ 1 000 mg/L;用有机系凝集剂时,添加量为 1 ~ 3 mg/L。

用凝集处理进行脱色时,对分散染料、建筑染料等分散型染料,其脱色效果达 90% 以上;对反应性、酸性和直接染料等水溶型染料则脱色较困难,但用硫酸亚铁作凝集剂时,可通过还原反应达到还原脱色。使用的硫酸亚铁浓度通常为 600 mg/L;消石灰为 200 mg/L。

## 3.3　生化处理

对棉织物浆料等 BOD 浓度高的废水,用典型的活性污泥法去除 BOD 效果很好。但也可能由于氮、磷等养分不足,使污泥菌的活性降低。

为了提高废水处理效果,应遵循以下原则:

(1)BOD: N: P = 100: 5: 1,并且废水在曝气槽的停留时间至少为 5 h。

(2)曝气槽出口的 DO 浓度应维持在 45 mg/L,以防膨胀。

## 3.4　臭氧的氧化处理

利用臭氧的氧化能力氧化分解废水中的有机物,同时提高染色废水的脱色效果。

臭氧的注入量由 COD 浓度值决定,其注入方式常采用扩散和喷射。

(1)当 COD 浓度为 80 mg/L 以下时,臭氧注入量为 35 mg/L。

(2)当 COD 浓度为 80 ~ 130 mg/L 时,臭氧注入量为 45 mg/L。

(3)当 COD 浓度为 130 ~ 200 mg/L 时,臭氧注入量为 50 mg/L。

接触时间均以 25 min 为好。

臭氧氧化处理,不只对脱色,甚至对 COD 的去除也极为有效。

# 4　典型范例

## 4.1　固定床活性污泥处理

染纱厂(原纱以棉和化纤为主,也包括毛、麻、丝,都以绞状染色)生产废水可采用先进的固定床活性污泥处理法。图23-2为固定床活性污泥处理装置示意图。表23-1为固定床活性污泥处理系统各环节的相关指标。

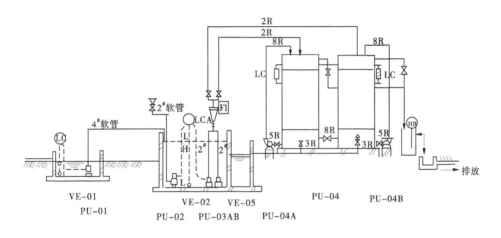

图23-2　固定床活性污泥处理装置示意图

表23-1　固定床活性污泥处理系统各环节的相关指标

| VE－01 | PU－01 | PU－02 | VE－02 | PU－03AB | VE－05 | Pu－04A | Pu－04 | Pu－04B |
|---|---|---|---|---|---|---|---|---|
| 原水移送渠 | 原水移送泵 | — | 原水贮槽 | 原水供给泵 | 污泥槽 | 循环泵 | 处理槽 | 处理水量 |
| 4 m² | 0.84 m³/mm | 28 m³H | 100 m³ | 0.13 m³/mm | 5 m³ | 2.35 m³ | 21.75 m³×2 | 500 m³ |
| 钢筋混凝土 | FC | FC | 钢筋混凝土 | FC(水中) | 钢筋混凝土 | FC | — | — |

## 4.2　臭氧氧化脱色处理

棉、化纤印染厂生产废水可采用先进的臭氧氧化脱色处理法。图23-3为有关废水处理流程。该废水处理系统不用生物处理操作,而采用加压气浮和臭氧氧化除去 COD 及脱色。废水处理后,透明度有很大改善。

## 4.3　铬媒染废水的循环利用

羊毛印染厂(使用铬媒染,在废水中含有作为媒染剂使用的重铬酸钾)生产废水可采用先进的铬媒染废水的循环利用方法处理。

图23-4为羊毛印染厂的铬媒染色工序及媒染废液再利用系统。即将媒染液通过一个聚丙烯腈的过滤器,以除去废纤维等夹杂物,将媒染液澄清后再生,然后回用。

由于再生媒染液和染料反应后有所消耗,每次要按纤维质量的5%～10%进行补充。

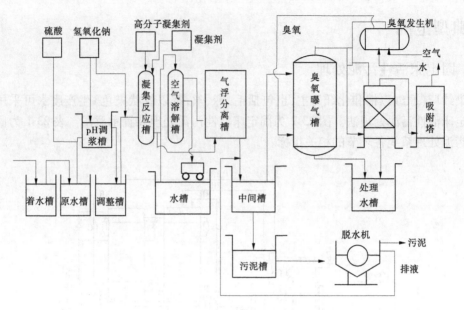

图 23-3　凝集加压气浮及臭氧氧化处理流程

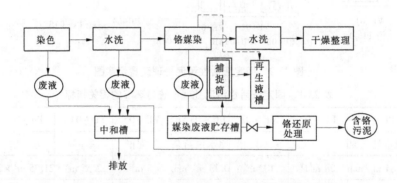

图 23-4　羊毛印染厂的铬媒染色工序及媒染废液再利用系统

## 4.4　FS 絮凝剂与处理针织印染废水工艺

　　该工艺的技术关键是投加了 FS 系列絮凝剂,并配以简单、先进的工艺流程,使处理后的针织印染废水水质全部达到工业废水排放标准,可与国内先进水平相比,尤以脱色、脱硫、去除 COD 效果最为显著。

　　该工艺的主要特点在于占地面积小,投资省,运行费用低,容易管理,处理效果显著。而且可处理含活性、硫化、分散、直接、还原、阳离子等染料及不同助剂的印染废水,且不受环境、水温、浓度、pH 及生产班次开停等因素的影响。

　　主要污染物的去除率为:$COD_{Cr}$ 70% ~ 85%,$BOD_5$ 70% ~ 80%,色度 90% ~ 99%,硫化物 85% ~ 100%,悬浮物 50% ~ 80%。

## 4.5　印染废水脱色处理及回用工艺

　　印染废水脱色处理及回用是纺织工业废水治理中难度最大的课题之一。如中国北京印染厂(年产量 11 000 万 m,生产上百个品种的印染布、化纤布产品,使用几百种染料,年消耗量几千吨,同时耗用大量水及蒸汽、电力的大型印染厂)每日生产废水排放量上万吨,而且污染物浓度较高,其主要水质指标为:色度 300~500 倍、COD 300~800 mg/L、BOD$_5$ 200~300 mg/L、pH 8~10,且成分复杂、变化幅度大,同时又具有典型的以化纤产品为主的印染废水的特性,因此用生物接触氧化、混凝沉淀两级处理的 5 000 t/d 印染废水处理工程处理效果不好,且色度不达标。

北京印染厂在与无锡环境保护研究所协作开发印染废水脱色及回用工艺,并经小试、中试和大规模应用后,发现其印染废水处理效果转好。如处理出水水质指标为:色度 <20 倍、COD <100 mg/L、BOD$_5$ <50 mg/L、SS <5 mg/L。处理后出水经深井水或空调废水以 1:1 比例稀释后还可回用于印染生产。其工艺流程参见图 23-5。

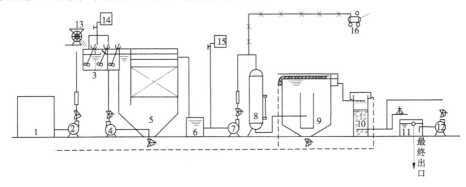

1—调节池或生物氧化池;2—提升泵;3—搅拌池;4—污泥回流泵;5—沉淀池;6—储水池;7—溶气泵;8—溶气罐;
9—气浮池;10—砂滤池;11—清水池;12—滤池反冲洗泵;13—粉剂投加器;14、15—药箱;16—空压机

**图 23-5　印染废水脱色处理及回用工艺流程图**

该工艺推荐设计参数如下:

(1)混凝池不少于 3 个,建议采用 4 个。

(2)第 1 个混凝池搅拌线速度不小于 3.6 m/s;第 2 个混凝池搅拌线速度应为 2.0 m/s;第 3 个混凝池搅拌线速度为 1.0 m/s。

(3)斜管沉淀池的水力停留时间以 2 h 为宜。

(4)气浮池水力停留时间为 40 min。

(5)溶气罐的气水比为 0.04。

(6)沉淀池应采用污泥重复回用,污泥回流量以 20% 左右为宜。

注意事项如下:

(1)印染废水处理一般会出现黄色,难以去除,这是由显色剂干扰所致。因此,应将显色剂废水分流单独处理,这样可使印染废水处理难度降低。

(2)虽然在处理工艺中采用了污泥回流重复使用方法,但污泥量可能仍然较多,建议将多余污泥掺入煤粉作工业型煤再次使用。

(3)XB-Ⅲ型净水粉剂具有高效、价廉、污泥易脱水的特点。它作为一种新型的净水粉,有吸附和杀菌作用,且它混凝快,吸附沉淀也快,因此可以较大地压缩混凝沉淀池的规模,节约占地和投资。它以废治废,变废为宝,开辟了混凝剂发展的新途径。

# 第二十四章　防治造纸业废水污染的新技术

## 1　造纸业的特点

造纸业是一个既消耗大量水资源,又排放大量废水的污染行业。其废水对水环境已造成极大的危害,社会各界迫切要求造纸业对其造成的公害采取防治措施。

中国造纸业虽处于兴旺发展时期,但尚无优良方法对其废水进行治理。因此,必须尽快学习和引进国外同行防治造纸废水污染的成熟、先进技术和经验。

## 2　厂内治理

如果能做到造纸过程中不排或少排污染物,那么其废水处理就容易了。

### 2.1　节约用水

如能控制造纸用水,推行用水的再循环,则既可节省水资源及能源,提高成品的生产率,又能减少污水的排放量及降低废水的处理费用。

热筛滤是洗涤和未漂白精选工序封闭化的一个实例。图 24-1(a)展示的是传统的精选工艺;图 24-1(b)展示的是蒸煮器和洗涤工序之间加入上述筛滤(热滤水网),使其成为封闭循环系统(热筛滤),清水仅流入洗涤机内,筛滤不再用清水的工艺。

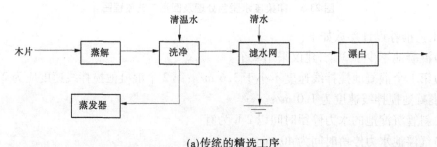

(a)传统的精选工序

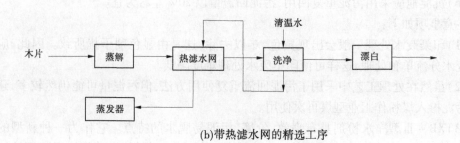

(b)带热滤水网的精选工序

**图 24-1　洗涤及未漂白滤液的封闭系统流程**

据测定,采取热筛滤后,造纸排水量为 100 $m^3/t$,并可降低悬浮物(SS)14 kg/t,BOD9 kg/t。

芬兰 Kirknicmi 造纸厂(年产凹版印刷纸 14 万 t,薄涂布纸 13 万 t)为节省能源、保护环境,将抄纸机排出的白水循环再利用,单位用水量减少为 6 $m^3/t$。其白水的回收利用流程见图 24-2。

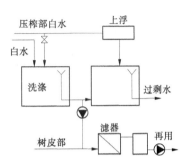

图 24-2　Kirknicmi 造纸厂白水回用流程

## 2.2　防止产生污染负荷的高峰

每当清洗蒸煮器或原料桶、白水槽等时,就会有大量高浓度的污水瞬时排出,这样就可能造成污水处理装置和澄清器集泥装置等的超负荷运转。为避免这种污染负荷高峰的出现,除仔细操作外,有必要设置储水池,以储存这些瞬时排出的污染物。

## 2.3　防止因故障导致的污染物排放

据普遍调查,造纸厂水污染负荷量有 1/3 是由事故排放造成的。由于工艺技术的改进,排出的污染物减少,事故排放的污染负荷相对急骤增高,因此必须加强生产工艺的管理,杜绝事故的发生。

## 2.4　排除设备的超负荷状况

为了提高生产率,往往会超过设备生产能力进行超负荷生产,其结果是废水中的 SS 大量排出,使污水处理效率降低。因此,对于那些污染负荷高的生产过程,应在设备的设计能力之内控制其连续运转。

## 2.5　生产工艺的改革

如 IPC(信息技术公司)中央研究所从 BKP(针叶木浆)造纸法中精选出 3 种能减轻环境污染的先进工艺,介绍如下。

### 2.5.1　中等浓度 $O_2$ 脱木素

在升流塔内反应之前通过空压机把 $O_2$ 充分分散在稀纸浆中。氧脱木素纸浆,对于阔叶木材用 $C_D E_D$、$C_D E(h_D)$ 漂白,对于针叶木材用 $C_D E(h_D)$ 漂白(h 为高温海波,$h_D$ 为海波)。

### 2.5.2　低 KaKP/AQ(蒽醌)蒸解

AQ 的消化现在已得到广泛应用,对于阔叶木材,可使污染物特别是色度大幅度降低。

### 2.5.3 ClO₂置换

在通常漂白工序的最初 $Cl_2$ 段加入 $ClO_2$，本法在北美洲各国已被广泛使用。

IPC 的研究还把 $ClO_2$ 并入第一段，并将海波加入碱提取段（$C_DEh_D$），与普通方法（$C_DE_DE_D$）比较，污染物负荷明显减小。

## 3　厂外处理

厂外处理即对排放废水的处理，将厂内处理和厂外处理的优点相结合，可寻找到较为经济适用的防治水污染措施。

### 3.1　延时曝气活性污泥法

表 24-1 为各种延时曝气活性污泥法的操作条件；图 24-3 为延时曝气法流程。

表 24-1　各种活性污泥法的操作条件

| 处理方式 | 负荷 | | 曝气池内混合液浮游物浓度（mg/L） | 活性污泥日龄(d) | 送气量（对排水量）（m³） | 曝气时间（h） | 活性污泥回输比（%） |
|---|---|---|---|---|---|---|---|
| | BOD 负荷（kg/(SSkg·d)) | BOD – SS 负荷（kg/(SSkg·d)) | | | | | |
| 标准活性污泥法 | 0.2~0.4 | 0.3~0.8 | 1 500~2 000 | 2~4 | 3~7 | 6~8 | 20~30 |
| 加速曝气法 | 0.2~0.4 | 0.4~1.4 | 2 000~3 000 | 2~4 | 3~7 | 4~6 | 20~30 |
| 稳定接触曝气法 | 0.2 | 0.8~1.4 | 2 000~8 000 | 4 | 12 以上 | 5 以上 | 50~100 |
| 延时曝气法 | 0.03~0.05 | 0.15~0.25 | 300~6 000 | 15~30 | 15 以上 | 16~24 | 50~150 |
| 改良曝气法 | 1.5~3.0 | 0.6~2.4 | 400~800 | 0.3~0.5 | 2~4 | 1.5~2.5 | 5~10 |
| 高速曝气沉淀法 | 0.2~0.4 | 0.6~2.4 | 3 000~6 000 | 2~4 | 5~8 | 2~3 | 50~150 |
| 氧化沟法 | 0.03~0.05 | 0.1~0.2 | 3 000~4 000 | 15~30 | — | 24~48 | 5~150 |

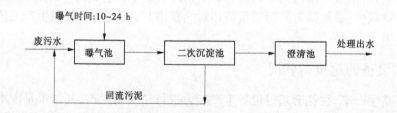

图 24-3　延时曝气法流程

### 3.2　接触氧化法

接触氧化法是将塑料填充剂填充于曝气槽内，让微生物固着在其表面，通过生物床处理废水。相关设备流程参见图 24-4。

### 3.3　超深层曝气法

在处理纸浆废水中广泛使用活性污泥法，但此法占地面积大。为解决此问题，英国 ICI 公司设计了超深层曝气装置——深井。此法的优点是可有效地利用土地，曝气槽占地仅为普通活性污泥法的 1/20，尤其是沉淀池埋在地下，所占面积更小，且可消除臭味，运转管理

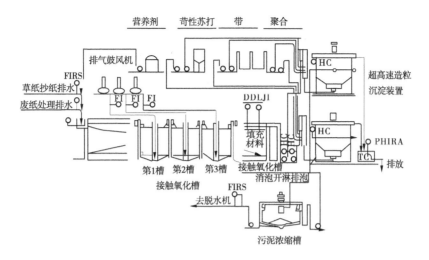

**图 24-4 接触氧化处理设备流程**

方便,负荷变化小,污泥沉降性能好。有关处理设备流程参见图 24-5。

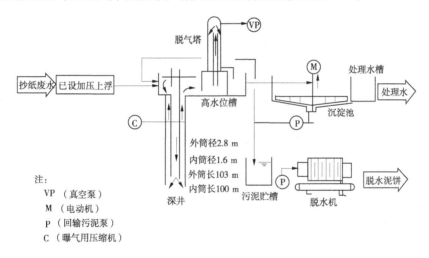

**图 24-5 超深层曝气设备流程**

## 3.4 超滤法(UF)

半透膜可分为逆浸膜(RO)和超滤膜(UF)。UF 是具有过滤分离溶液中的高分子物质、胶体和低分子物质性能的半透膜。超滤的机制是原液经过半透膜后,就形成了浓缩液,而废液则被过滤到半透膜具外。管型 UF 分离膜具工作机制和装置流程参见图 24-6、图 24-7。表 24-2 显示了增加 UF 处理后,COD 处理率将大为提高。

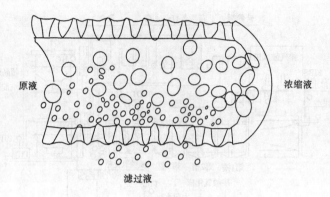

图 24-6   管型 UF 膜分离膜具示意图

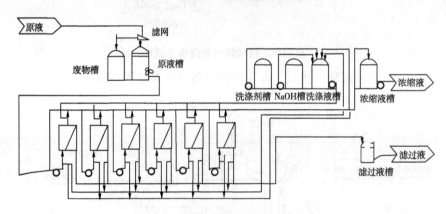

图 24-7   管型 UF 分离膜具装置流程

表 24-2   超滤及凝聚沉淀 COD 数据

| 处理方式 | COD 负荷率(%) | | | |
|---|---|---|---|---|
| | UF | 活性污泥 | 凝聚沉淀 | 总计 |
| UF 未处理液 | — | 40 | 18 | 51 |
| UF 处理液 | 83 | 75 | 28 | 97 |

## 3.5 厌氧废水处理

厌氧处理是不需要氧气的处理方法,在城市污水二次沉淀池污泥处理中被广泛采用。厌氧处理的优点是耗能少,其最终产物甲烷可再利用,经厌氧处理后二次污泥量大大减少,与好氧处理相比较有机物负荷高。

## 3.6 土地处理法

这是一种把土地看成是一个大过滤器的处理方法。根据这一自然净化源,土壤能对废水中的有机成分进行有效分解,并且土壤及其植物又能吸收废水中的营养物质,可谓一举两得。

现在,在北美等地区,对于 SP、GP、草纸板、纤维纸板、绝热板、纸盒用纸和废纸制浆等各种纸浆废水均已采用土地处理法进行处理。

## 3.7　菌丝脱色法(MgCOR 法)

如白根菌可使用 E1 段排水脱色 60%,同时可降低约 40% 的 BOD 和 COD。E1 段排水中碳水化合物较少,不能满足菌体所必需的碳素和能源,而一向用木片的纸浆厂的一次污泥因含有丰富的纤维素,故可满足菌体的需要。

## 3.8　流动介质生物处理法

流动介质生物处理法原理是让微生物附着在曝气池内的悬浮粒状介质上,用气浮曝气方式供氧,使粒状介质与循环流动的造纸废水相接触,对曝气池内的 MLSS 进行高浓度封闭生物处理。其工艺流程和设计规格参见图 24-8 和表 24-3。

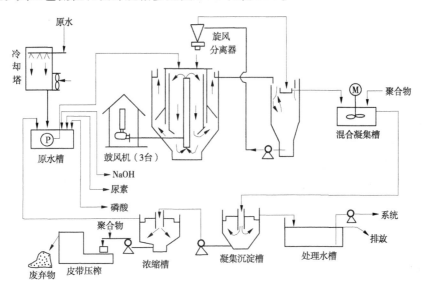

图 24-8　流动介质生物处理工艺流程

表 24-3　流动介质生物处理装置设计规格

| 水况 | 处理废水量(2 000 m³/d) | | | | |
| --- | --- | --- | --- | --- | --- |
| | 温度(℃) | pH 值 | COD 浓度(mg/L) | BOD 浓度(mg/L) | SS 浓度(mg/L) |
| 待处理液 | 15 ~ 37 | 6 ~ 8 | 1 000 | 1 000 | 500 |
| 处理出水 | 10 ~ 20 | 5.8 ~ 8.6 | 200 以下 | 200 以下 | 100 以下 |

# 第二十五章　中国台湾水系污染整治观念与策略

## 1　淡水河

淡水河流域位于中国台湾地区北部,人口550万,面积2 726 km²,为台湾第二大河川,流域内有翡翠、石门等大型水库,为北部公共给水及灌溉水主要来源。河流流经大台北地区,观光、旅游、休闲等潜能很大。

淡水河流域水质在第二次世界大战时,尚无明显污染。其后因人口增加、工商业发达,污水下水道系统未能及时配合,造成大量有机污染物流入,水质逐渐恶化,夏季中下游河段常有缺氧现象。污染源以生活污水、工业废水、养猪业废水及垃圾渗出水为主,其中生活污水量占2/3。

根据1992年水质监测资料,淡水河系河段长度中有15.5%属严重污染,11.6%为中度污染。

整治水质目标分为两个阶段:①防止缺氧发臭,使民众乐于接近水体。②达到水体水质标准,使水资源得以充分利用。

根据淡水河流域环境整治规划,其长期水质目标是上游以水源保护为主,中游以休闲及农业用水为主,下游以水游乐及水生态保育为主;最终期望为恢复河川原来风貌,成为未来700万居民旅游活动中心。

为完成第一阶段水质目标,主要工作项目有:

(1)建设大台北地区污水下水道系统,新建一座日处理能力为132万 m³的一级污水处理厂及6 600 m长的海洋放流管。

(2)在原排水沟渠出口处设置截流站,晴天将污水引入已建成的污水干管及处理厂,处理后排放。

(3)建设无法容纳在区域系统地区的卫星污水下水道系统。

(4)兴建区域性垃圾焚化炉及卫生掩埋场,杜绝在河川地弃置垃圾。

(5)设置河川捞垃圾船舶,捞取水面漂浮垃圾。

(6)加强工业废水管制,包括设置放流口、自行申报及排污许可制等手段。

(7)建立红树林保护区、水鸟保护区等。

(8)对100头以下的小养猪场,劝导停养。

## 2　盐水溪

盐水溪为中国台湾地区21条主要河川之一,全长41 km,流经台南市,对台南市环境质量影响甚大,受生活污水(占35.8%)、工业废水(占25.6%)、畜牧废水(占38.6%)等污染,大部分河段水质处于厌氧状态。

为了达到台湾地区政府公告的水质目标:支流为丙类水体,主流为丁类水体,经污染调查及涵容能力分析,以排放水标准来控制企业废水的污染指标,以兴建污水下水道及二级处

理厂控制生活污水的污染。实施的程序分三个阶段:

(1)1990～1996年:以1993年放流水标准管制事业废水,并规划台南市及关庙乡的污水下水道系统。

(2)1997～2001年:分别以1993年及1998年放流水标准管制事业废水,并兴建永康市污水下水道系统,同时截流永康排水和柴头港溪排水,加以二级处理后放流,预计可使流经台南河段的盐水溪达到丁类标准。

(3)2002～2006年:以实施1998年放流水标准管制事业废水,完成永康市全部污水下水道系统及兴建关庙第一期污水下水道系统,减少生活污水的污染负荷,以达到盐水溪的水质目标。

# 3　灌溉水质监测与管理系统

中国台湾地区灌溉用水占水资源利用总量的80%,近年来受工业废水、畜牧废水、城市污水的污染影响,作物减产,并引起各类有机、无机毒害问题,尤以工厂林立的彰化县最为严重。针对灌溉水质污染问题,水利主管部门已将灌溉水质监测纳入经常性业务之一,但农作物受害事件依然逐年暴发,说明现有的监测工作无法有效地反映监控现状。究其原因,主要是有关监控部门未对水质监测资料采取系统性分析、研究,不能有效防患于未然。

台湾中鼎工程股份有限公司与台湾大学农业工程学系研制了一套地理咨询系统,即灌溉水质监测与管理系统。对农用灌溉水质量进行控制与管理。该系统分为三个子系统:

(1)查询系统,是以现有的资料库为基础,配合巨集程序的撰写,可以容易地查得历年灌溉水质监测资料以及监测点、灌溉系统、交通网络、天然水系等相关位置分布等。

(2)评估系统,是根据水质监测项目对稻作产品、人体健康的影响,经过模式运算,定出监测水质的等级,并在图面上进行不同标示。

(3)预报系统,是利用预报模式(采用灌渠属性资料与水利机构管理档案相结合)找出引灌严重污染灌渠的农地,以及可能的污染源。

通过地理咨询系统空间属性分析、逻辑运算与展示及水质综合指标建立,能正确而清晰地在电脑屏幕上分辨出各灌渠污染程度的大小,给人以直接而深刻的印象,不同于以往书面报告的厚重烦琐,使管理单位及人员能有效地掌握决策咨询。

在彰化水利会灌区,根据现有的灌溉水质资料,选出污染最严重的灌溉水质,归纳出如下结论:

(1)将地理信息系统运用于灌溉水质监测管理,不仅能大幅度提高现有的监测管理能力,还可通过预测模式达到预报的效果。

(2)彰化地区EC(液体肥料可溶性盐含量)、氨氮、重金属不符合灌溉水质标准的区域甚广,显示出综合性污染,各类有机、无机污染来源甚多,需及早防治。

(3)在彰化水利会灌区,灌溉水质污染以氨氮污染最为普遍;重金属污染主要集中在东西二圳部分支线,妈嘉犁庄、彰化市交界处。

(4)指标能迅速简明地表达环境的状态,若能慎选指标系统,将有助于对环境现状的了解,并将环境监测结果有效传达;而地理咨询系统技术能有效加快指标模式的运算及结果的展示。

# 4 工业废水实行厌氧处理

中国台湾地区迄今已采用的处理各种工业废水的厌氧生物处理法有四大类:

(1)悬浮式生长系统厌氧接触槽,是最古老传统的处理槽,已在台湾地区被广泛用于废弃的有机污泥消化,水力停留时间较长。

(2)上流式厌氧滤床,是早期发展的处理槽。

(3)上流式厌氧污泥床,在20世纪90年代后被普遍应用于中、高浓度的废水处理。

(4)厌氧流动床,这是21世纪初技术发展成熟的处理槽。

成功的工程实例有:

(1)由中油公司炼研中心设计的上流式厌氧污泥床,容积为250 $m^3$,用于处理食品厂废水,有机负荷量为3 kg BOD/($m^3$·d)。

(2)由台糖公司设计的上流式厌氧污泥床,2座,容积各为5 000 $m^3$,用于处理高浓度酵母厂废水。

(3)由中鼎工程公司设计的改良型上流式厌氧污泥床,36座,应用于6家酒厂,每座容积为100~200 $m^3$,用于处理米酒、绍兴酒、水果酒、高粱酒等酿酒厂废水。

(4)由工业研究院化工所开发设计的厌氧流动床,容积为65 $m^3$,高度达21 m,用于处理化工厂的聚酯废水。

(5)由美国Amoco石化公司设计建造的下流式厌氧过滤床,2座,每座容积为10 000 $m^3$,塑料滤床高10 m,直径30 m,用于处理高浓度PAT(印染废水中的有机污染物)制造废水。

附录：

# 中共中央 国务院关于加快推进生态文明建设的意见

## （2015 年 4 月 25 日）

生态文明建设是中国特色社会主义事业的重要内容，关系人民福祉，关乎民族未来，事关"两个一百年"奋斗目标和中华民族伟大复兴中国梦的实现。党中央、国务院高度重视生态文明建设，先后出台了一系列重大决策部署，推动生态文明建设取得了重大进展和积极成效。但总体上看我国生态文明建设水平仍滞后于经济社会发展，资源约束趋紧，环境污染严重，生态系统退化，发展与人口资源环境之间的矛盾日益突出，已成为经济社会可持续发展的重大瓶颈制约。

加快推进生态文明建设是加快转变经济发展方式、提高发展质量和效益的内在要求，是坚持以人为本、促进社会和谐的必然选择，是全面建成小康社会、实现中华民族伟大复兴中国梦的时代抉择，是积极应对气候变化、维护全球生态安全的重大举措。要充分认识加快推进生态文明建设的极端重要性和紧迫性，切实增强责任感和使命感，牢固树立尊重自然、顺应自然、保护自然的理念，坚持绿水青山就是金山银山，动员全党、全社会积极行动、深入持久地推进生态文明建设，加快形成人与自然和谐发展的现代化建设新格局，开创社会主义生态文明新时代。

## 一、总体要求

（一）指导思想。以邓小平理论、"三个代表"重要思想、科学发展观为指导，全面贯彻党的十八大和十八届二中、三中、四中全会精神，深入贯彻习近平总书记系列重要讲话精神，认真落实党中央、国务院的决策部署，坚持以人为本、依法推进，坚持节约资源和保护环境的基本国策，把生态文明建设放在突出的战略位置，融入经济建设、政治建设、文化建设、社会建设各方面和全过程，协同推进新型工业化、信息化、城镇化、农业现代化和绿色化，以健全生态文明制度体系为重点，优化国土空间开发格局，全面促进资源节约利用，加大自然生态系统和环境保护力度，大力推进绿色发展、循环发展、低碳发展，弘扬生态文化，倡导绿色生活，加快建设美丽中国，使蓝天常在、青山常在、绿水常在，实现中华民族永续发展。

（二）基本原则

坚持把节约优先、保护优先、自然恢复为主作为基本方针。在资源开发与节约中，把节约放在优先位置，以最少的资源消耗支撑经济社会持续发展；在环境保护与发展中，把保护放在优先位置，在发展中保护、在保护中发展；在生态建设与修复中，以自然恢复为主，与人工修复相结合。

坚持把绿色发展、循环发展、低碳发展作为基本途径。经济社会发展必须建立在资源得到高效循环利用、生态环境受到严格保护的基础上，与生态文明建设相协调，形成节约资源和保护环境的空间格局、产业结构、生产方式。

坚持把深化改革和创新驱动作为基本动力。充分发挥市场配置资源的决定性作用和更好发挥政府作用，不断深化制度改革和科技创新，建立系统完整的生态文明制度体系，强化科技创新引领作用，为生态文明建设注入强大动力。

坚持把培育生态文化作为重要支撑。将生态文明纳入社会主义核心价值体系，加强生态文化的宣传教育，倡导勤俭节约、绿色低碳、文明健康的生活方式和消费模式，提高全社会生态文明意识。

坚持把重点突破和整体推进作为工作方式。既立足当前，着力解决对经济社会可持续发展制约性强、群众反映强烈的突出问题，打好生态文明建设攻坚战；又着眼长远，加强顶层设计与鼓励基层探索相结合，持之以恒全面推进生态文明建设。

（三）主要目标

到 2020 年，资源节约型和环境友好型社会建设取得重大进展，主体功能区布局基本形成，经济发展质量和效益显著提高，生态文明主流价值观在全社会得到推行，生态文明建设水平与全面建成小康社会目标相适应。

——国土空间开发格局进一步优化。经济、人口布局向均衡方向发展，陆海空间开发强度、城市空间规模得到有效控制，城乡结构和空间布局明显优化。

——资源利用更加高效。单位国内生产总值二氧化碳排放强度比 2005 年下降 40% ~ 45%，能源消耗强度持续下降，资源产出率大幅提高，用水总量力争控制在 6 700 亿 $m^3$ 以内，万元工业增加值用水量降低到 65 $m^3$ 以下，农田灌溉水有效利用系数提高到 0.55 以上，非化石能源占一次能源消费比重达到 15% 左右。

——生态环境质量总体改善。主要污染物排放总量继续减少，大气环境质量、重点流域和近岸海域水环境质量得到改善，重要江河湖泊水功能区水质达标率提高到 80% 以上，饮用水安全保障水平持续提升，土壤环境质量总体保持稳定，环境风险得到有效控制。森林覆盖率达到 23% 以上，草原综合植被覆盖度达到 56%，湿地面积不低于 8 亿亩，50% 以上可治理沙化土地得到治理，自然岸线保有率不低于 35%，生物多样性丧失速度得到基本控制，全国生态系统稳定性明显增强。

——生态文明重大制度基本确立。基本形成源头预防、过程控制、损害赔偿、责任追究的生态文明制度体系，自然资源资产产权和用途管制、生态保护红线、生态保护补偿、生态环境保护管理体制等关键制度建设取得决定性成果。

## 二、强化主体功能定位，优化国土空间开发格局

国土是生态文明建设的空间载体。要坚定不移地实施主体功能区战略，健全空间规划体系，科学合理布局和整治生产空间、生活空间、生态空间。

（四）积极实施主体功能区战略。全面落实主体功能区规划，健全财政、投资、产业、土地、人口、环境等配套政策和各有侧重的绩效考核评价体系。推进市县落实主体功能定位，推动经济社会发展、城乡、土地利用、生态环境保护等规划"多规合一"，形成一个市县一本规划、一张蓝图。区域规划编制、重大项目布局必须符合主体功能定位。对不同主体功能区的产业项目实行差别化市场准入政策，明确禁止开发区域、限制开发区域准入事项，明确优化开发区域、重点开发区域禁止和限制发展的产业。编制实施全国国土规划纲要，加快推进国土综合整治。构建平衡适宜的城乡建设空间体系，适当增加生活空间、生态用地，保护和

扩大绿地、水域、湿地等生态空间。

（五）大力推进绿色城镇化。认真落实《国家新型城镇化规划（2014～2020年）》，根据资源环境承载能力，构建科学合理的城镇化宏观布局，严格控制特大城市规模，增强中小城市承载能力，促进大中小城市和小城镇协调发展。尊重自然格局，依托现有山水脉络、气象条件等，合理布局城镇各类空间，尽量减少对自然的干扰和损害。保护自然景观，传承历史文化，提倡城镇形态多样性，保持特色风貌，防止"千城一面"。科学确定城镇开发强度，提高城镇土地利用效率、建成区人口密度，划定城镇开发边界，从严供给城市建设用地，推动城镇化发展由外延扩张式向内涵提升式转变。严格新城、新区设立条件和程序。强化城镇化过程中的节能理念，大力发展绿色建筑和低碳、便捷的交通体系，推进绿色生态城区建设，提高城镇供排水、防涝、雨水收集利用、供热、供气、环境等基础设施建设水平。所有县城和重点镇都要具备污水、垃圾处理能力，提高建设、运行、管理水平。加强城乡规划"三区四线"（禁建区、限建区和适建区，绿线、蓝线、紫线和黄线）管理，维护城乡规划的权威性、严肃性，杜绝大拆大建。

（六）加快美丽乡村建设。完善县域村庄规划，强化规划的科学性和约束力。加强农村基础设施建设，强化山水林田路综合治理，加快农村危旧房改造，支持农村环境集中连片整治，开展农村垃圾专项治理，加大农村污水处理和改厕力度。加快转变农业发展方式，推进农业结构调整，大力发展农业循环经济，治理农业污染，提升农产品质量安全水平。依托乡村生态资源，在保护生态环境的前提下，加快发展乡村旅游休闲业。引导农民在房前屋后、道路两旁植树护绿。加强农村精神文明建设，以环境整治和民风建设为重点，扎实推进文明村镇创建。

（七）加强海洋资源科学开发和生态环境保护。根据海洋资源环境承载力，科学编制海洋功能区划，确定不同海域主体功能。坚持"点上开发、面上保护"，控制海洋开发强度，在适宜开发的海洋区域，加快调整经济结构和产业布局，积极发展海洋战略性新兴产业，严格生态环境评价，提高资源集约节约利用和综合开发水平，最大程度减少对海域生态环境的影响。严格控制陆源污染物排海总量，建立并实施重点海域排污总量控制制度，加强海洋环境治理、海域海岛综合整治、生态保护修复，有效保护重要、敏感和脆弱海洋生态系统。加强船舶港口污染控制，积极治理船舶污染，增强港口码头污染防治能力。控制发展海水养殖，科学养护海洋渔业资源。开展海洋资源和生态环境综合评估。实施严格的围填海总量控制制度、自然岸线控制制度，建立陆海统筹、区域联动的海洋生态环境保护修复机制。

## 三、推动技术创新和结构调整，提高发展质量和效益

从根本上缓解经济发展与资源环境之间的矛盾，必须构建科技含量高、资源消耗低、环境污染少的产业结构，加快推动生产方式绿色化，大幅提高经济绿色化程度，有效降低发展的资源环境代价。

（八）推动科技创新。结合深化科技体制改革，建立符合生态文明建设领域科研活动特点的管理制度和运行机制。加强重大科学技术问题研究，开展能源节约、资源循环利用、新能源开发、污染治理、生态修复等领域关键技术攻关，在基础研究和前沿技术研发方面取得突破。强化企业技术创新主体地位，充分发挥市场对绿色产业发展方向和技术路线选择的决定性作用。完善技术创新体系，提高综合集成创新能力，加强工艺创新与试验。支持生态

文明领域工程技术类研究中心、实验室和实验基地建设,完善科技创新成果转化机制,形成一批成果转化平台、中介服务机构,加快成熟适用技术的示范和推广。加强生态文明基础研究、试验研发、工程应用和市场服务等科技人才队伍建设。

(九)调整优化产业结构。推动战略性新兴产业和先进制造业健康发展,采用先进适用节能低碳环保技术改造提升传统产业,发展壮大服务业,合理布局建设基础设施和基础产业。积极化解产能严重过剩矛盾,加强预警调控,适时调整产能严重过剩行业名单,严禁核准产能严重过剩行业新增产能项目。加快淘汰落后产能,逐步提高淘汰标准,禁止落后产能向中西部地区转移。做好化解产能过剩和淘汰落后产能企业职工安置工作。推动要素资源全球配置,鼓励优势产业走出去,提高参与国际分工的水平。调整能源结构,推动传统能源安全绿色开发和清洁低碳利用,发展清洁能源、可再生能源,不断提高非化石能源在能源消费结构中的比重。

(十)发展绿色产业。大力发展节能环保产业,以推广节能环保产品拉动消费需求,以增强节能环保工程技术能力拉动投资增长,以完善政策机制释放市场潜在需求,推动节能环保技术、装备和服务水平显著提升,加快培育新的经济增长点。实施节能环保产业重大技术装备产业化工程,规划建设产业化示范基地,规范节能环保市场发展,多渠道引导社会资金投入,形成新的支柱产业。加快核电、风电、太阳能光伏发电等新材料、新装备的研发和推广,推进生物质发电、生物质能源、沼气、地热、浅层地温能、海洋能等应用,发展分布式能源,建设智能电网,完善运行管理体系。大力发展节能与新能源汽车,提高创新能力和产业化水平,加强配套基础设施建设,加大推广普及力度。发展有机农业、生态农业,以及特色经济林、林下经济、森林旅游等林产业。

## 四、全面促进资源节约循环高效使用,推动利用方式根本转变

节约资源是破解资源瓶颈约束、保护生态环境的首要之策。要深入推进全社会节能减排,在生产、流通、消费各环节大力发展循环经济,实现各类资源节约高效利用。

(十一)推进节能减排。发挥节能与减排的协同促进作用,全面推动重点领域节能减排。开展重点用能单位节能低碳行动,实施重点产业能效提升计划。严格执行建筑节能标准,加快推进既有建筑节能和供热计量改造,从标准、设计、建设等方面大力推广可再生能源在建筑上的应用,鼓励建筑工业化等建设模式。优先发展公共交通,优化运输方式,推广节能与新能源交通运输装备,发展甩挂运输。鼓励使用高效节能农业生产设备。开展节约型公共机构示范创建活动。强化结构、工程、管理减排,继续削减主要污染物排放总量。

(十二)发展循环经济。按照减量化、再利用、资源化的原则,加快建立循环型工业、农业、服务业体系,提高全社会资源产出率。完善再生资源回收体系,实行垃圾分类回收,开发利用"城市矿产",推进秸秆等农林废弃物以及建筑垃圾、餐厨废弃物资源化利用,发展再制造和再生利用产品,鼓励纺织品、汽车轮胎等废旧物品回收利用。推进煤矸石、矿渣等大宗固体废弃物综合利用。组织开展循环经济示范行动,大力推广循环经济典型模式。推进产业循环式组合,促进生产和生活系统的循环链接,构建覆盖全社会的资源循环利用体系。

(十三)加强资源节约。节约集约利用水、土地、矿产等资源,加强全过程管理,大幅降低资源消耗强度。加强用水需求管理,以水定需、量水而行,抑制不合理用水需求,促进人口、经济等与水资源相均衡,建设节水型社会。推广高效节水技术和产品,发展节水农业,加

强城市节水,推进企业节水改造。积极开发利用再生水、矿井水、空中云水、海水等非常规水源,严控无序调水和人造水景工程,提高水资源安全保障水平。按照严控增量、盘活存量、优化结构、提高效率的原则,加强土地利用的规划管控、市场调节、标准控制和考核监管,严格土地用途管制,推广应用节地技术和模式。发展绿色矿业,加快推进绿色矿山建设,促进矿产资源高效利用,提高矿产资源开采回采率、选矿回收率和综合利用率。

## 五、加大自然生态系统和环境保护力度,切实改善生态环境质量

良好生态环境是最公平的公共产品,是最普惠的民生福祉。要严格源头预防、不欠新账,加快治理突出生态环境问题、多还旧账,让人民群众呼吸新鲜的空气,喝上干净的水,在良好的环境中生产生活。

(十四)保护和修复自然生态系统。加快生态安全屏障建设,形成以青藏高原、黄土高原—川滇、东北森林带、北方防沙带、南方丘陵山地带、近岸近海生态区以及大江大河重要水系为骨架,以其他重点生态功能区为重要支撑,以禁止开发区域为重要组成的生态安全战略格局。实施重大生态修复工程,扩大森林、湖泊、湿地面积,提高沙区、草原植被覆盖率,有序实现休养生息。加强森林保护,将天然林资源保护范围扩大到全国;大力开展植树造林和森林经营,稳定和扩大退耕还林范围,加快重点防护林体系建设;完善国有林场和国有林区经营管理体制,深化集体林权制度改革。严格落实禁牧休牧和草畜平衡制度,加快推进基本草原划定和保护工作;加大退牧还草力度,继续实行草原生态保护补助奖励政策;稳定和完善草原承包经营制度。启动湿地生态效益补偿和退耕还湿。加强水生生物保护,开展重要水域增殖放流活动。继续推进京津风沙源治理、黄土高原地区综合治理、石漠化综合治理,开展沙化土地封禁保护试点。加强水土保持,因地制宜推进小流域综合治理。实施地下水保护和超采漏斗区综合治理,逐步实现地下水采补平衡。强化农田生态保护,实施耕地质量保护与提升行动,加大退化、污染、损毁农田改良和修复力度,加强耕地质量调查监测与评价。实施生物多样性保护重大工程,建立监测评估与预警体系,健全国门生物安全查验机制,有效防范物种资源丧失和外来物种入侵,积极参加生物多样性国际公约谈判和履约工作。加强自然保护区建设与管理,对重要生态系统和物种资源实施强制性保护,切实保护珍稀濒危野生动植物、古树名木及自然生境。建立国家公园体制,实行分级、统一管理,保护自然生态和自然文化遗产原真性、完整性。研究建立江河湖泊生态水量保障机制。加快灾害调查评价、监测预警、防治和应急等防灾减灾体系建设。

(十五)全面推进污染防治。按照以人为本、防治结合、标本兼治、综合施策的原则,建立以保障人体健康为核心、以改善环境质量为目标、以防控环境风险为基线的环境管理体系,健全跨区域污染防治协调机制,加快解决人民群众反映强烈的大气、水、土壤污染等突出环境问题。继续落实大气污染防治行动计划,逐渐消除重污染天气,切实改善大气环境质量。实施水污染防治行动计划,严格饮用水源保护,全面推进涵养区、源头区等水源地环境整治,加强供水全过程管理,确保饮用水安全;加强重点流域、区域、近岸海域水污染防治和良好湖泊生态环境保护,控制和规范淡水养殖,严格入河(湖、海)排污管理;推进地下水污染防治。制定实施土壤污染防治行动计划,优先保护耕地土壤环境,强化工业污染场地治理,开展土壤污染治理与修复试点。加强农业面源污染防治,加大种养业特别是规模化畜禽养殖污染防治力度,科学施用化肥、农药,推广节能环保型炉灶,净化农产品产地和农村居民

生活环境。加大城乡环境综合整治力度。推进重金属污染治理。开展矿山地质环境恢复和综合治理，推进尾矿安全、环保存放，妥善处理处置矿渣等大宗固体废物。建立健全化学品、持久性有机污染物、危险废物等环境风险防范与应急管理工作机制。切实加强核设施运行监管，确保核安全万无一失。

（十六）积极应对气候变化。坚持当前长远相互兼顾、减缓适应全面推进，通过节约能源和提高能效，优化能源结构，增加森林、草原、湿地、海洋碳汇等手段，有效控制二氧化碳、甲烷、氢氟碳化物、全氟化碳、六氟化硫等温室气体排放。提高适应气候变化特别是应对极端天气和气候事件能力，加强监测、预警和预防，提高农业、林业、水资源等重点领域和生态脆弱地区适应气候变化的水平。扎实推进低碳省区、城市、城镇、产业园区、社区试点。坚持共同但有区别的责任原则、公平原则、各自能力原则，积极建设性地参与应对气候变化国际谈判，推动建立公平合理的全球应对气候变化格局。

## 六、健全生态文明制度体系

加快建立系统完整的生态文明制度体系，引导、规范和约束各类开发、利用、保护自然资源的行为，用制度保护生态环境。

（十七）健全法律法规。全面清理现行法律法规中与加快推进生态文明建设不相适应的内容，加强法律法规间的衔接。研究制定节能评估审查、节水、应对气候变化、生态补偿、湿地保护、生物多样性保护、土壤环境保护等方面的法律法规，修订土地管理法、大气污染防治法、水污染防治法、节约能源法、循环经济促进法、矿产资源法、森林法、草原法、野生动物保护法等。

（十八）完善标准体系。加快制定修订一批能耗、水耗、地耗、污染物排放、环境质量等方面的标准，实施能效和排污强度"领跑者"制度，加快标准升级步伐。提高建筑物、道路、桥梁等建设标准。环境容量较小、生态环境脆弱、环境风险高的地区要执行污染物特别排放限值。鼓励各地区依法制定更加严格的地方标准。建立与国际接轨、适应我国国情的能效和环保标识认证制度。

（十九）健全自然资源资产产权制度和用途管制制度。对水流、森林、山岭、草原、荒地、滩涂等自然生态空间进行统一确权登记，明确国土空间的自然资源资产所有者、监管者及其责任。完善自然资源资产用途管制制度，明确各类国土空间开发、利用、保护边界，实现能源、水资源、矿产资源按质量分级、梯级利用。严格节能评估审查、水资源论证和取水许可制度。坚持并完善最严格的耕地保护和节约用地制度，强化土地利用总体规划和年度计划管控，加强土地用途转用许可管理。完善矿产资源规划制度，强化矿产开发准入管理。有序推进国家自然资源资产管理体制改革。

（二十）完善生态环境监管制度。建立严格监管所有污染物排放的环境保护管理制度。完善污染物排放许可证制度，禁止无证排污和超标准、超总量排污。违法排放污染物、造成或可能造成严重污染的，要依法查封扣押排放污染物的设施设备。对严重污染环境的工艺、设备和产品实行淘汰制度。实行企事业单位污染物排放总量控制制度，适时调整主要污染物指标种类，纳入约束性指标。健全环境影响评价、清洁生产审核、环境信息公开等制度。建立生态保护修复和污染防治区域联动机制。

（二十一）严守资源环境生态红线。树立底线思维，设定并严守资源消耗上限、环境质量底线、生态保护红线,将各类开发活动限制在资源环境承载能力之内。合理设定资源消耗"天花板",加强能源、水、土地等战略性资源管控,强化能源消耗强度控制,做好能源消费总量管理。继续实施水资源开发利用控制、用水效率控制、水功能区限制纳污三条红线管理。划定永久基本农田,严格实施永久保护,对新增建设用地占用耕地规模实行总量控制,落实耕地占补平衡,确保耕地数量不下降、质量不降低。严守环境质量底线,将大气、水、土壤等环境质量"只能更好、不能变坏"作为地方各级政府环保责任红线,相应确定污染物排放总量限值和环境风险防控措施。在重点生态功能区、生态环境敏感区和脆弱区等区域划定生态红线,确保生态功能不降低、面积不减少、性质不改变;科学划定森林、草原、湿地、海洋等领域生态红线,严格自然生态空间征(占)用管理,有效遏制生态系统退化的趋势。探索建立资源环境承载能力监测预警机制,对资源消耗和环境容量接近或超过承载能力的地区,及时采取区域限批等限制性措施。

(二十二)完善经济政策。健全价格、财税、金融等政策,激励、引导各类主体积极投身生态文明建设。深化自然资源及其产品价格改革,凡是能由市场形成价格的都交给市场,政府定价要体现基本需求与非基本需求以及资源利用效率高低的差异,体现生态环境损害成本和修复效益。进一步深化矿产资源有偿使用制度改革,调整矿业权使用费征收标准。加大财政资金投入,统筹有关资金,对资源节约和循环利用、新能源和可再生能源开发利用、环境基础设施建设、生态修复与建设、先进适用技术研究示范等给予支持。将高耗能、高污染产品纳入消费税征收范围。推动环境保护费改税。加快资源税从价计征改革,清理取消相关收费基金,逐步将资源税征收范围扩展到占用各种自然生态空间。完善节能环保、新能源、生态建设的税收优惠政策。推广绿色信贷,支持符合条件的项目通过资本市场融资。探索排污权抵押等融资模式。深化环境污染责任保险试点,研究建立巨灾保险制度。

(二十三)推行市场化机制。加快推行合同能源管理、节能低碳产品和有机产品认证、能效标识管理等机制。推进节能发电调度,优先调度可再生能源发电资源,按机组能耗和污染物排放水平依次调用化石类能源发电资源。建立节能量、碳排放权交易制度,深化交易试点,推动建立全国碳排放权交易市场。加快水权交易试点,培育和规范水权市场。全面推进矿业权市场建设。扩大排污权有偿使用和交易试点范围,发展排污权交易市场。积极推进环境污染第三方治理,引入社会力量投入环境污染治理。

(二十四)健全生态保护补偿机制。科学界定生态保护者与受益者权利义务,加快形成生态损害者赔偿、受益者付费、保护者得到合理补偿的运行机制。结合深化财税体制改革,完善转移支付制度,归并和规范现有生态保护补偿渠道,加大对重点生态功能区的转移支付力度,逐步提高其基本公共服务水平。建立地区间横向生态保护补偿机制,引导生态受益地区与保护地区之间、流域上游与下游之间,通过资金补助、产业转移、人才培训、共建园区等方式实施补偿。建立独立公正的生态环境损害评估制度。

(二十五)健全政绩考核制度。建立体现生态文明要求的目标体系、考核办法、奖惩机制。把资源消耗、环境损害、生态效益等指标纳入经济社会发展综合评价体系,大幅增加考核权重,强化指标约束,不唯经济增长论英雄。完善政绩考核办法,根据区域主体功能定位,实行差别化的考核制度。对限制开发区域、禁止开发区域和生态脆弱的国家扶贫开发工作重点县,取消地区生产总值考核;对农产品主产区和重点生态功能区,分别实行农业优先和生态保护优先的绩效评价;对禁止开发的重点生态功能区,重点评价其自然文化资源的原真性、完整性。根据考核评价结果，对生态文明建设成绩突出的地区、单位和个人给予表彰奖励。探索编制自然资源资产负债表，对领导干部实行自然资源资产和环境责任离任审计。

（二十六）完善责任追究制度。建立领导干部任期生态文明建设责任制，完善节能减排目标责任考核及问责制度。严格责任追究，对违背科学发展要求、造成资源环境生态严重破坏的要记录在案，实行终身追责，不得转任重要职务或提拔使用，已经调离的也要问责。对推动生态文明建设工作不力的，要及时诫勉谈话；对不顾资源和生态环境盲目决策、造成严重后果的，要严肃追究有关人员的领导责任；对履职不力、监管不严、失职渎职的，要依纪依法追究有关人员的监管责任。

## 七、加强生态文明建设统计监测和执法监督

坚持问题导向，针对薄弱环节，加强统计监测、执法监督，为推进生态文明建设提供有力保障。

（二十七）加强统计监测。建立生态文明综合评价指标体系。加快推进对能源、矿产资源、水、大气、森林、草原、湿地、海洋和水土流失、沙化土地、土壤环境、地质环境、温室气体等的统计监测核算能力建设，提升信息化水平，提高准确性、及时性，实现信息共享。加快重点用能单位能源消耗在线监测体系建设。建立循环经济统计指标体系、矿产资源合理开发利用评价指标体系。利用卫星遥感等技术手段，对自然资源和生态环境保护状况开展全天候监测，健全覆盖所有资源环境要素的监测网络体系。提高环境风险防控和突发环境事件应急能力，健全环境与健康调查、监测和风险评估制度。定期开展全国生态状况调查和评估。加大各级政府预算内投资等财政性资金对统计监测等基础能力建设的支持力度。

（二十八）强化执法监督。加强法律监督、行政监察，对各类环境违法违规行为实行"零容忍"，加大查处力度，严厉惩处违法违规行为。强化对浪费能源资源、违法排污、破坏生态环境等行为的执法监察和专项督察。资源环境监管机构独立开展行政执法，禁止领导干部违法违规干预执法活动。健全行政执法与刑事司法的衔接机制，加强基层执法队伍、环境应急处置救援队伍建设。强化对资源开发和交通建设、旅游开发等活动的生态环境监管。

## 八、加快形成推进生态文明建设的良好社会风尚

生态文明建设关系各行各业、千家万户。要充分发挥人民群众的积极性、主动性、创造性，凝聚民心、集中民智、汇集民力，实现生活方式绿色化。

（二十九）提高全民生态文明意识。积极培育生态文化、生态道德，使生态文明成为社会主流价值观，成为社会主义核心价值观的重要内容。从娃娃和青少年抓起，从家庭、学校教育抓起，引导全社会树立生态文明意识。把生态文明教育作为素质教育的重要内容，纳入国民教育体系和干部教育培训体系。将生态文化作为现代公共文化服务体系建设的重要内容，挖掘优秀传统生态文化思想和资源，创作一批文化作品，创建一批教育基地，满足广大人民群众对生态文化的需求。通过典型示范、展览展示、岗位创建等形式，广泛动员全民参与生态文明建设。组织好世界地球日、世界环境日、世界森林日、世界水日、世界海洋日和全国节能宣传周等主题宣传活动。充分发挥新闻媒体作用，树立理性、积极的舆论导向，加强资源环境国情宣传，普及生态文明法律法规、科学知识等，报道先进典型，曝光反面事例，提高公众节约意识、环保意识、生态意识，形成人人、事事、时时崇尚生态文明的社会氛围。

（三十）培育绿色生活方式。倡导勤俭节约的消费观。广泛开展绿色生活行动，推动全民在衣、食、住、行、游等方面加快向勤俭节约、绿色低碳、文明健康的方式转变，坚决抵制和反对各种形式的奢侈浪费、不合理消费。积极引导消费者购买节能与新能源汽车、高能效家电、节水型器具等节能环保低碳产品，减少一次性用品的使用，限制过度包装。大力推广绿色低碳出行，倡导绿色生活和休闲模式，严格限制发展高耗能、高耗水服务业。在餐饮企业、单位食堂、家庭全方位开展反食品浪费行动。党政机关、国有企业要带头厉行勤俭节约。

（三十一）鼓励公众积极参与。完善公众参与制度，及时准确披露各类环境信息，扩大公开范围，保障公众知情权，维护公众环境权益。健全举报、听证、舆论和公众监督等制度，构建全民参与的社会行动体系。建立环境公益诉讼制度，对污染环境、破坏生态的行为，有关组织可提起公益诉讼。在建设项目立项、实施、后评价等环节，有序增强公众参与程度。引导生态文明建设领域各类社会组织健康有序发展，发挥民间组织和志愿者的积极作用。

## 九、切实加强组织领导

健全生态文明建设领导体制和工作机制，勇于探索和创新，推动生态文明建设蓝图逐步成为现实。

（三十二）强化统筹协调。各级党委和政府对本地区生态文明建设负总责，要建立协调机制，形成有利于推进生态文明建设的工作格局。各有关部门要按照职责分工，密切协调配合，形成生态文明建设的强大合力。

（三十三）探索有效模式。抓紧制定生态文明体制改革总体方案，深入开展生态文明先行示范区建设，研究不同发展阶段、资源环境禀赋、主体功能定位地区生态文明建设的有效模式。各地区要抓住制约本地区生态文明建设的瓶颈，在生态文明制度创新方面积极实践，力争取得重大突破。及时总结有效做法和成功经验，完善政策措施，形成有效模式，加大推广力度。

（三十四）广泛开展国际合作。统筹国内国际两个大局，以全球视野加快推进生态文明建设，树立负责任大国形象，把绿色发展转化为新的综合国力、综合影响力和国际竞争新优势。发扬包容互鉴、合作共赢的精神，加强与世界各国在生态文明领域的对话交流和务实合作，引进先进技术装备和管理经验，促进全球生态安全。加强南南合作，开展绿色援助，对其他发展中国家提供支持和帮助。

（三十五）抓好贯彻落实。各级党委和政府及中央有关部门要按照本意见要求，抓紧提出实施方案，研究制定与本意见相衔接的区域性、行业性和专题性规划，明确目标任务、责任分工和时间要求，确保各项政策措施落到实处。各地区各部门贯彻落实情况要及时向党中央、国务院报告，同时抄送国家发展改革委。中央就贯彻落实情况适时组织开展专项监督检查。

# 参考文献

[1] 汪达. 化害为利,变废为宝——城市生活垃圾的处理及回用[J]. 环境科学,1987(3-4):26-29.

[2] 汪达. 城市污水处理及其回用述评[J]. 资源开发与保护,1988,4(3):56-58.

[3] 汪达. 情报工作浅谈及对我国科技情报工作的意见[J]. 水电科技情报,1988(3):88-91.

[4] 汪达,李爱琴. 咨询与环保咨询[C]//中国环境科学学会. 环境咨询初探. 北京:北京大学出版社,1988.

[5] 汪达. 城市废污水的治理及其回用综述[J]. 水资源保护,1988(4):107-111.

[6] 汪达. 长江水资源保护工作情况介绍及对有关科技情报工作的体会[J]. 环境信息,1988(增刊):14-16.

[7] 汪达. 治理汽车废气,保护生态平衡[J]. 环境信息,1989(4):22.

[8] 汪达. 发展中的替代农业[J]. 资源信息,1989(6):31-33.

[9] 汪达. 国外水资源保护区域化和流域化管理发展趋势——探讨我国水资源保护管理体制建设[J]. 环境科学丛刊,1990,11(5):47-58.

[10] 汪达. 美国废污水的处理回用[J]. 上海给水排水,1990(2):30.

[11] 汪达. 美国非点源水污染问题及其对策综述[J]. 世界环境,1993(4):14-19.

[12] 汪达. 美国河流水系水质管理规划综述[J]. 水系污染与保护,1993(2):12-20,40.

[13] 方子云,汪达. 国际水资源保护和管理的最近动态——水与可持续发展[J]. 水资源保护,2001(1):1-6.

[14] 方子云,汪达. 水环境与水资源保护流域化管理的探讨[C]//汪斌,谭炳卿,汪达,等. 水环境保护与管理文集. 郑州:黄河水利出版社,2002.

[15] 汪达,汪明娜. 长江三峡库区水污染防治探讨[J]. 科技导报,2003(1):20-22.

[16] 汪达,汪明娜. 贯彻新《水法》落实取水许可水质管理制度[J]. 水资源保护,2003(1):8-12,16.

[17] 汪明娜,汪达. 论长江汉口边滩防洪及环境综合治理[J]. 水资源保护,2003(2):31-34.

[18] 汪达,汪明娜. 试论水利工程建设中的环境监理[J]. 中国水利,2003(5B):68-69.

[19] 袁弘任,汪达.《长江志·水资源保护》编撰简介[J]. 长江志季刊,2003(2):58-60.

[20] 汪达,汪明娜. 新时代用创新思想编纂新方志——《长江志·水资源保护》编纂体会[J]. 水利发展研究,2004,4(6):50-53.

[21] 汪明娜,汪达. 武汉长江第一越江隧道工程动床模型试验研究[J]. 科技导报,2007,25(2):50-53.

[22] 金琨,汪达,汪明娜. 近半个世纪来长江四次大裁弯后的河势检析[C]//陈五一,何寿根,朱鉴远. 全国水文泥沙文选(上册). 成都:四川科学技术出版社,2007.

[23] 汪达,汪丹. 亭子口水利枢纽工程环保监理细则编制与实施[J]. 水力发电,2014,40(9):15-16,28.

[24] 汪达,汪丹. 亭子口水利枢纽竣工环境保护验收前瞻[J]. 四川水利,2014,35(5):87-89.

[25] 老聃,庄周. 老子·庄子[M]. 2版. 北京:北京燕山出版社,2004.

[26] 汪斌,谭炳卿,汪达,等. 水环境保护与管理文集[M]. 郑州. 黄河水利出版社,2002.

[27] 汪达,汪明娜. 从水资源保护的三项重要管理制度谈贯彻新水法[J]. 水利发展研究,2003,3(9):13-17.

[28] 汪达,汪明娜,汪丹. 改革我国水资源保护经济政策[J]. 科技导报,2004,1(1):51-54.

[29] 袁弘任,汪达. 长江志·水资源保护(卷四·第六篇)[M]. 北京:中国大百科全书出版社,2004.

[30] 水利部长江水利委员会. 长江水资源保护专辑[J]. 人民长江,2008,39(23):32-34,77-79.

[31] 汪明娜,汪达,汪丹. 长江流域水土保持与三峡工程[J]. 科技导报,2005,23(10):22-24.

［32］汪明娜,汪达.水资源危机与水资源可持续发展[C]//本书编委会.环境保护与环境工程.西安:陕西人民教育出版社,2002.

［33］方子云,汪达.水环境与水资源保护流域化管理的探讨[J].水资源保护,2001(4):4-7.

［34］中国水利百科全书编辑委员会.中国水利百科全书[M].北京:水利电力出版社,1991.

［35］方子云,邹家祥,文伏波.长江地区环境对策与可持续发展[M].武汉:武汉出版社,1999.

［36］方子云,汪达.关于长江水资源保护问题[J].长江流域资源与环境,1993,2(4):313-319.

［37］陈炳金,汪达,等.长江志·规划(卷三·第一篇)[M].北京:中国大百科全书出版社,2007.

［38］汪达,汪丹.水资源与水环境保护求实务新说[M].广州:中山大学出版社,2011.

［39］汪达,汪丹.亭子口水利工程建设环保和水保监理体制创新刍议[J].中国水利,2011(14):50-52.

［40］汪达,汪丹.水环境与水资源保护探索与实践[M].北京:中国电力出版社,2016.

［41］汪达,汪丹.浅析我国七大流域洪涝灾害及其防治[J].水利发展研究,2017,17(1):51-53,70.

# 后　记

　　笔者回顾从事水环境与水资源保护管理和科学研究工作的 30 多年间,曾先后主持过十余起长江重大水污染事故调查处理,以及下述重要会议、展览的筹备和报告、规章、文件等的拟订工作:

　　筹备成立长江水资源保护委员会,起草《长江水资源保护委员会章程》。

　　筹备、组织长江水资源保护座谈会,并起草相关会议文件。

　　为水利部"全国水利系统水环境监测工作成就"大型展览创作《发展中的水环境监测》,并在全国水利系统巡回展览。

　　为全国人民代表大会环境与资源保护委员会编写《关于长江上游生态环境调查及长江流域水环境与水资源保护存在问题的报告》。

　　为国务院三峡工程建设委员会创作《湖北省兴山县龙门河亚热带常绿阔叶林自然保护工程建设监理画册》。

　　为水利部水资源司撰写《长江流域水资源保护局生存与发展专题报告》《国外水资源保护区域化和流域化管理发展趋势——探讨我国水资源保护管理体制建设》《长江水资源保护管理存在的主要问题汇报》《长江干流饮用水水源保护管理规定》《长江流域水资源保护现状及特征研究》《长江流域水资源保护立法必要性》《长江水利委员会取水许可水质管理规定实施细则》《建立健全长江流域水资源保护机构职能加强流域取水许可水质管理工作》《关于加强保护长江水资源工作的意见》等。

　　为长江水利委员会设计《水资源保护法律法规题库》。

　　为长江流域水资源保护局、武汉晨报社等单位在长江流域联合举办的"保护长江,爱我中华"大型活动设计《保护母亲河知识竞赛试题库》。

　　为中国长江三峡工程开发总公司编写《长江三峡工程环境保护补偿项目实施计划》《三峡工程施工区环境保护管理实施细则》和《三峡工程施工区环境保护工作考核办法》。

　　主持长江流域水土保持与湿地保护研究、全国水资源保护经济政策研究。

　　首创起草《水利水电工程环境保护监理规范》。

　　负责编写《长江重要堤防隐蔽工程(湖北部分堤段)竣工环境保护验收调查表》《长江重要堤防隐蔽工程水土保持设施竣工验收监理工作报告》《安徽省长江干流堤防加固工程(非隐蔽工程)竣工环境保护验收调查表》。

　　负责长江重要堤防隐蔽工程、疏花水柏枝和荷叶铁线蕨抢救性保护工程(长江三峡系统工程之一——三峡库区特有珍稀植物保护工程)、湖北省兴山县龙门河常绿阔叶林自然保护工程(长江三峡系统工程之一——三峡库区珍稀植物保护与生态修复工程)、长江三峡工程生态与环境监测系统、长江三峡水利枢纽工程、南水北调中线水源工程、嘉陵江亭子口水利枢纽工程、金沙江乌东德水电站等建设项目的环境保护监理和水土保持监理工作。

　　作为嘉陵江亭子口水利枢纽创建大唐集团精品示范工程和国家优质工程领导小组成员及《嘉陵江亭子口水利枢纽创建大唐集团精品示范工程和国家优质工程策划书》的主要策

划人,负责起草编写《嘉陵江亭子口水利枢纽创建大唐集团精品示范工程和国家优质工程监理分策划——环境保护和水土保持》,并经中国大唐集团公司颁布执行。

参与武汉长江第一越江隧道工程动床模型试验研究、江河湖库生态修复工程研究等主要业务工作。

长期兼任"全国水系污染与保护科技信息网"理事会副秘书长,《长江志·水资源保护》副主编,以及《长江水资源保护》《水系污染与保护》《环境水利论文选编》《长江水资源保护简报》等杂志的责任编辑及撰写工作。

主编学术专著《水环境保护与管理文集》(黄河水利出版社,2002年)、《长江志·水资源保护》(中国大百科全书出版社,2004年)、《水资源与水环境保护求实务新说》(中山大学出版社,2011年)、《水环境与水资源保护探索与实践》(中国电力出版社,2016年)等。

参与编写科技图书《长江志·规划》(中国大百科全书出版社,2007年)和《柏寿太极养生道》(山西科学技术出版社,2011年)等。

上面粗略地做了工作自述,并无哗众取宠或者自满自诩之意,其实是笔者心灵深处激荡回放着波澜起伏的记忆、毛遂自荐、实话实说:在兢兢业业工作的日日夜夜,在那更深夜尽、月落晨曦的霜风中,在那蜿蜒泥泞坎坎坷坷的蹊径上,都留下了深刻的勇往直前的脚印,印象深刻,反应强烈。以上工作实践和学习经历,实际上与本书的撰著密不可分,为本书的编写构筑了厚实的基础。

友人曾数度建议笔者,何不把这多年来在水环境与水资源保护管理与科学研究工作中所积累的管理经验、研究成果、学习体会和心得诀窍等,奉献给关心生态环境的广大读者,以期共同分享、交流和切磋!于是笔者努力把相关成果进行了总结、归纳、梳理和升华,继《水资源与水环境保护求实务新说》《水环境与水资源保护探索与实践》等相继出版之后,续撰成这本姊妹篇——《水之蓝:天蓝山清鸟翔歌赋——水环境与水资源保护专论之四》,以答谢多年来广大读者对笔者的持续关注和友人们的建议,并诚恳地请亲爱的读者批评指正。

水是生态和环境的控制性首要决定因素。不论是工业、农业还是一切生产生活,水都是不可替代的生命之源,水资源是经济社会发展中无可替代的重要战略资源。必须维护江、河、湖、海的清洁健康,维护它们的生态和环境优良,建立人与自然和谐共处的生态文明,倡导"天人合一""身土不二"的理想境界。

《水之蓝:天蓝山清鸟翔歌赋——水环境与水资源保护专论之四》立足于人与自然和谐共处,共生共荣,阐述水可载舟,亦可覆舟的哲理,反省人类破坏生态、污染环境,遭到大自然无情报复的后果,并自觉领悟老子《道德经》统领全局的深远哲学思想,充分体会古代"道可道,非常道"之玄和当代"以人为本"之妙。

著述和阅读《水之蓝:天蓝山清鸟翔歌赋——水环境与水资源保护专论之四》一书的过程是深入学习和净化人类与自然如何和谐生存与发展心灵的过程,也是巩固环境保护知识和加深维护生态平衡理念的过程,还是检阅人们如何从欣赏环境、开发环境、破坏环境、污染环境、保护环境、修复环境、建设环境达到和谐环境等的心路历程。让大家更加了解自然,热爱自然,保护自然。参与建设宏伟美好的生态文明人人有责。

时值全球经济危机和自然灾害频发之际,请大家不妨静下心来浏览一下本书,感悟一下山水之道,提高一下意境,平和一下浮燥心,促进一下环保业,体会一下"和"的理念。树立和培养人与自然和谐相处、人与社会协调发展的现代意识和人文精神,是很有必要和有意义的事。

　　在此,要衷心感谢长江水利委员会汪占冕先生为本书热情赐序,以及汪明娜、吴宝玉等同志对本书创作给予的长期帮助,黄河水利出版社对本书的出版提供的支持。

　　特别要向一直指导水环境与水资源保护专论系列丛书编写和出版工作的尊敬导师汪占冕先生、邹淑芬女士致以崇高的敬意!

　　谨将此书献给一切爱护自然、热爱生活、关注环境的人们!

**汪　达**

2012 年 3 月 8 日初稿于四川省广元市亭子口

2016 年 5 月 2 日修订于湖北省武汉市九万方